第一次玩蕾丝编织

可爱的梭编蕾丝小饰物

〔日〕北尾惠美子　著
史海媛　译

Tatting Lace Accessories

河南科学技术出版社
·郑州·

目 录

锯齿边手链

第32页

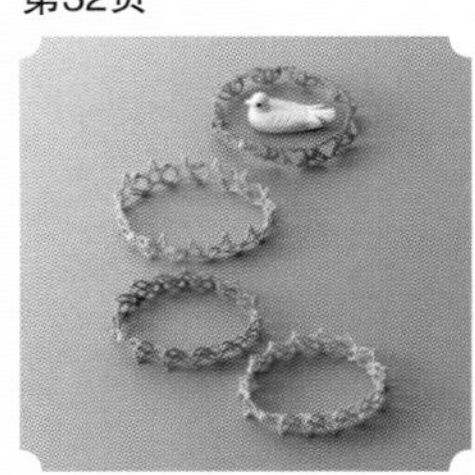

作品50～53

球形花片

第33页

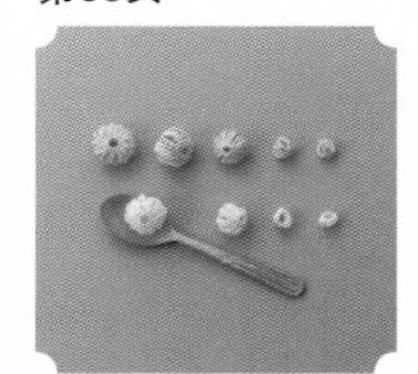

作品54～62

作品63、64

几何花片链条

第36页

作品65～70

第37页

作品71～74

花式戒指

第 40 页

作品75～79

第41页

作品80～87

梭编花朵

第44页

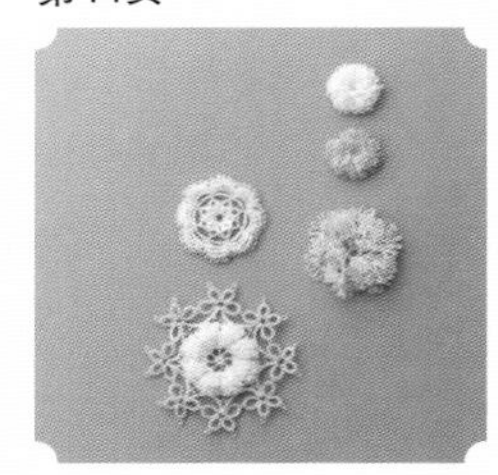

作品88～91

第45页

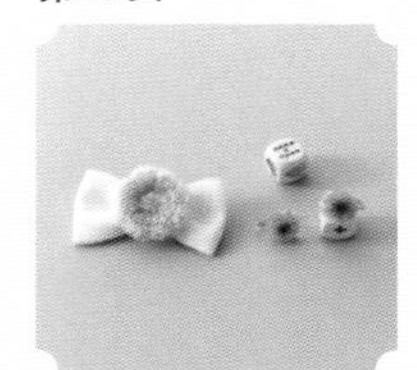

作品92、93

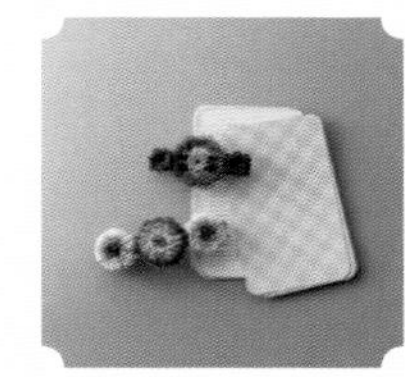

作品94、95

花朵胸针

第48页

作品96～98

第49页

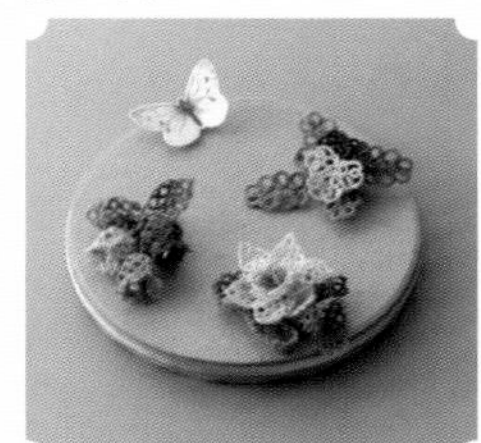

作品99～101

彩色头饰

第52页

作品102～104

第53页

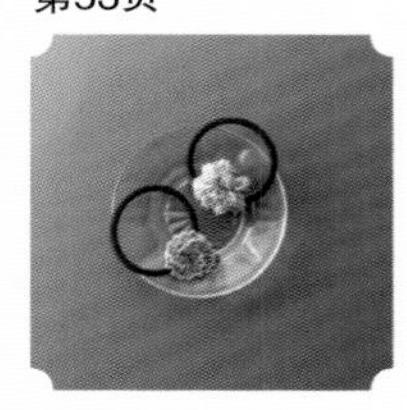

作品105、106

作品107、108

本书使用的工具和线的介绍

工具

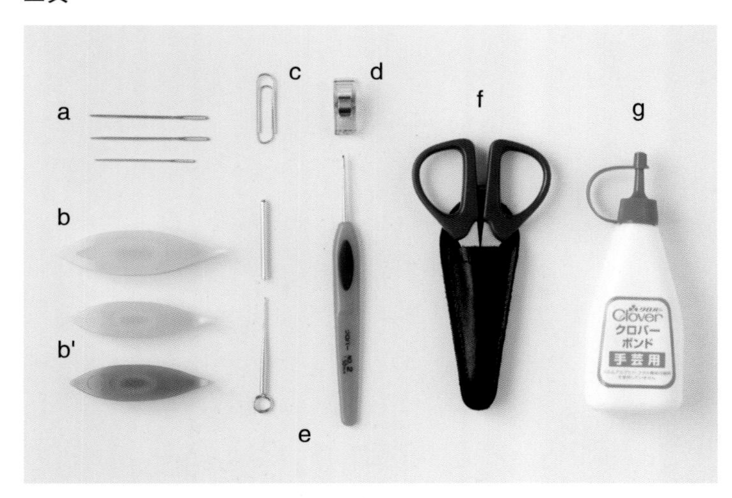

a…针
用于缝合织片或穿入串珠。
b…大线梭
用于穿入串珠或缠线。
b′ …小线梭
船形的小绕线器。线梭前端的尖角使用起来更方便。
c…回形针
不想在编织起点处打结时使用。
d…预固定夹子
不想在编织起点处打结时，用这种夹子固定后开始编织。
e…蕾丝针
需使用无尖角线梭或拉出细微部分的线时。
还有穿入绳子、挂在脖子上的类型。
f…剪刀
用于在织片边缘处理线头。刀身细长、刀尖锋利的剪刀使用起来更方便。
g…手工胶水
用于防止绽线或处理线头等。
※ 此外，可准备用于定型的喷胶、熨斗和熨烫台

线

（图片为实物大小）

a

b

c

d

e

a…SPECIAL DENTELLES 80 号，蕾丝针 8~10 号，棉 100%，5g/ 团，约 97m，72 色
b…CÉBÉLIA 30 号，蕾丝针 4~6 号，棉 100%，50g/ 团，约 540m，39 色
c…BABYLO 30 号，蕾丝针 4~6 号，棉 100%，50g/ 团，约 500m，39 色
d…Diamant 金属刺绣线，蕾丝针6~8号，粘胶人造丝，涤纶28%（D140 为人造丝89%，涤纶11%；D5200、D316、D321为金属涤纶100%），约 35m/团，6色
e…25 号刺绣线，蕾丝针 0 号，棉 100%，1 根约 8m，465 色

※a~e 从左至右，线名→适用针→含量→规格→线长→色数
※ 图片可能与实物有色差

编织图的看法

编织方法部分的编织图是从织片正面看的。沿着箭头的行进方向，编织指定针数的元宝结。
箭头向右时，表示正面为织片的正面；箭头向左时，表示正面为织片的反面。

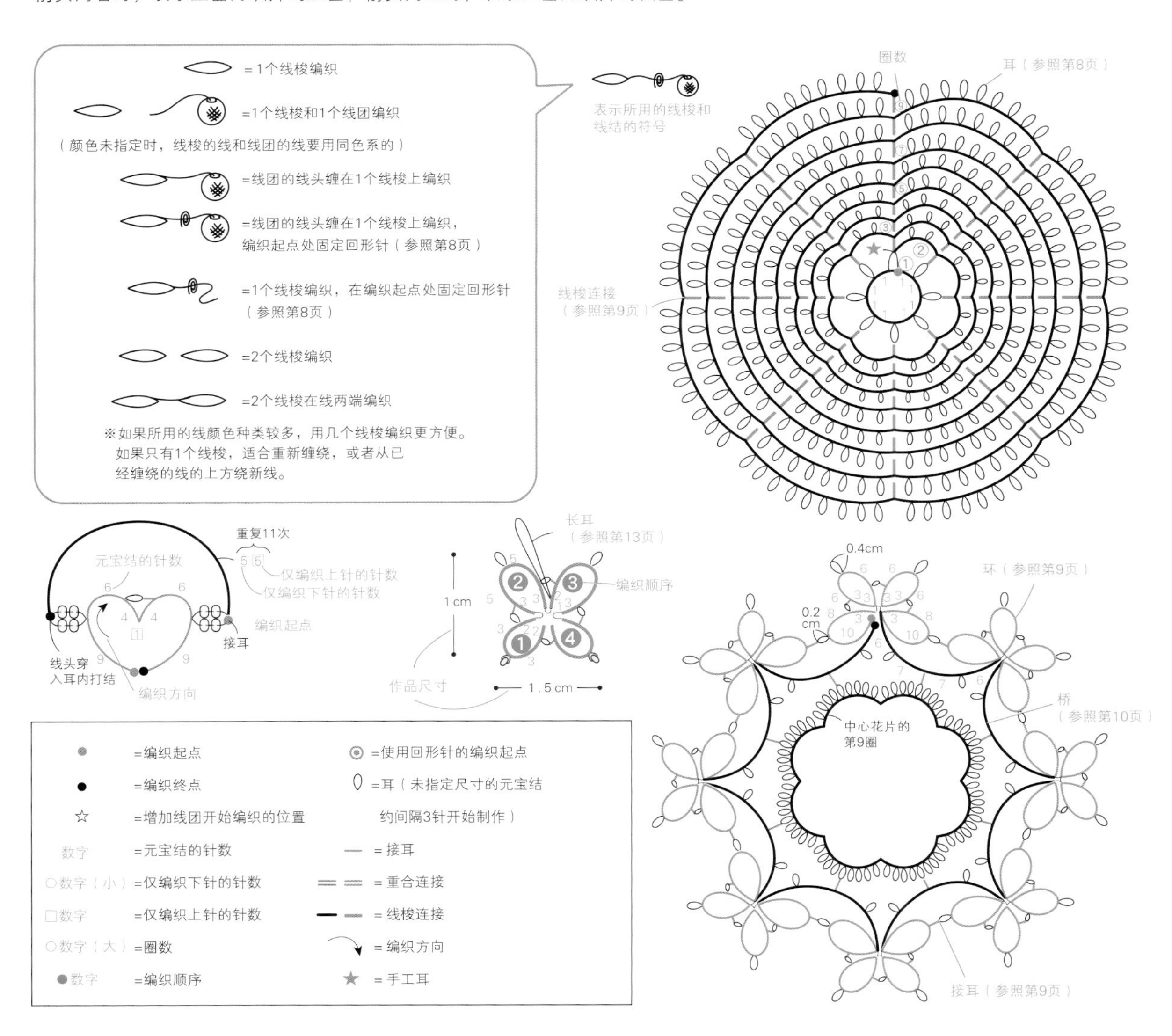

基础技法一览

●线梭绕线的方法

线的打结方法

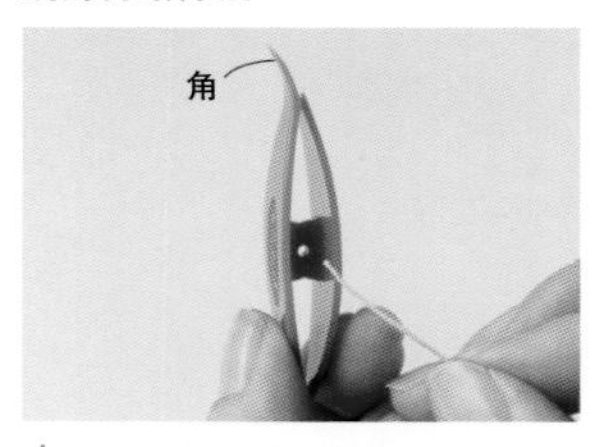

1 左手拿着线梭，尖角置于左侧，在线梭的中心孔穿线。

2 线梭换至右手，左手捏住线头，如箭头所示，从线梭下方绕线。

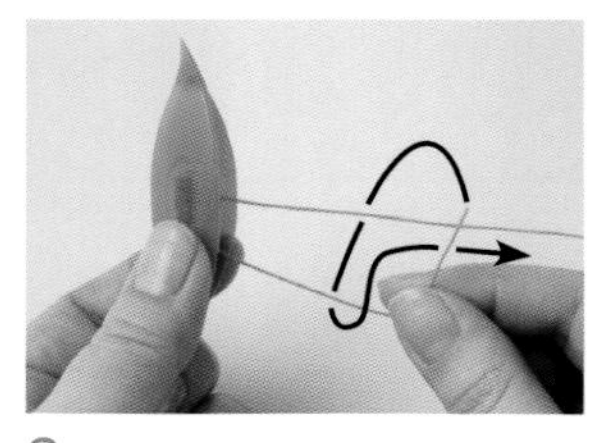

3 线梭换至左手，如箭头所示，线头穿入后打结。

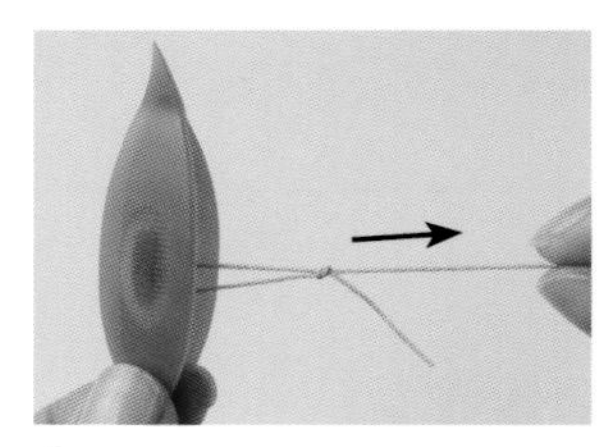

4 收线，拉紧打结。

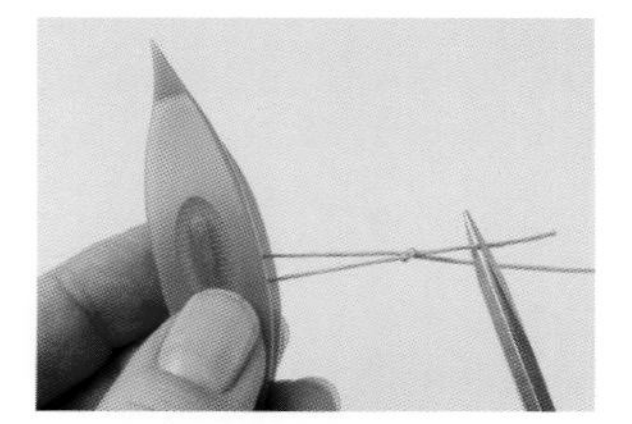

5 线头在离结1cm的位置剪断。

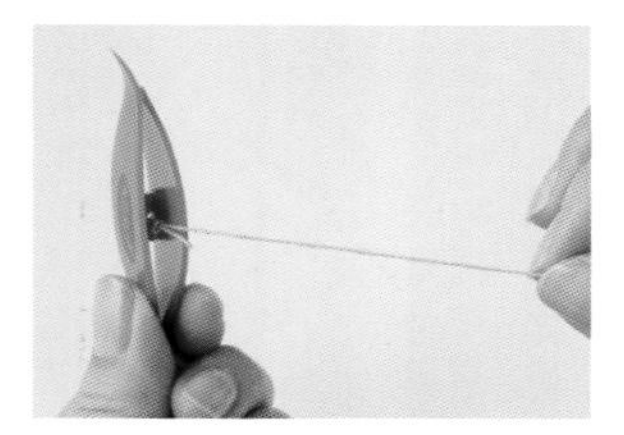

6 拉出编织线，结头靠近线梭的中心孔。

绕线方法

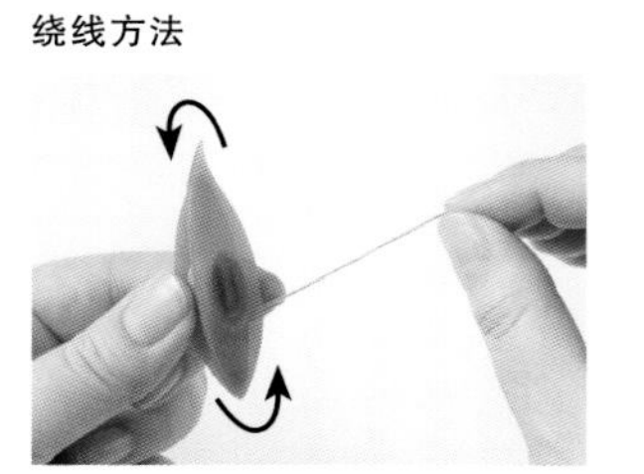

1 左手拿着线梭，尖角朝上，右手如箭头所示绕线。

2 沿线梭的宽度方向均匀缠绕。

3 从线梭处算起，留长约30cm的线头。

●线梭的持法

线梭的尖角朝上，线头从外侧出，用右手的拇指和食指捏住。

●左手挂线的方法

（编织环）

用1个线梭编织

用左手的拇指和食指捏着线头（a位置），线穿过手背制作成环，在a位置重合后捏着。

（编织桥）

※线梭的线和线团的线打结，按编织起点的方法解说。

用1个线梭和线团编织

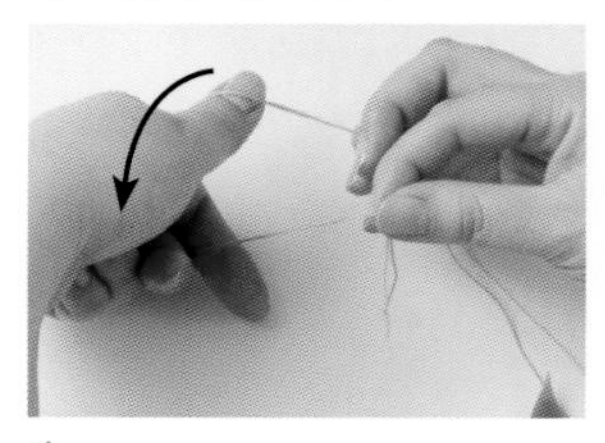

1 线梭的线头和线团的线头对齐，右手制作线圈，左手的食指和拇指插入线圈，如箭头所示，拇指翻转至内侧。

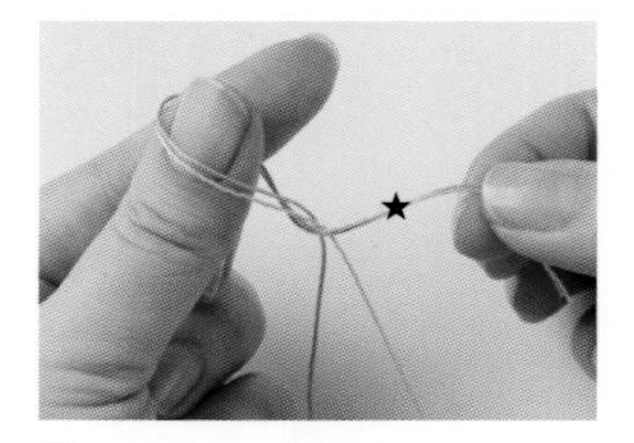

2 拉紧线头。用左手的拇指和食指捏住带★记号的线。

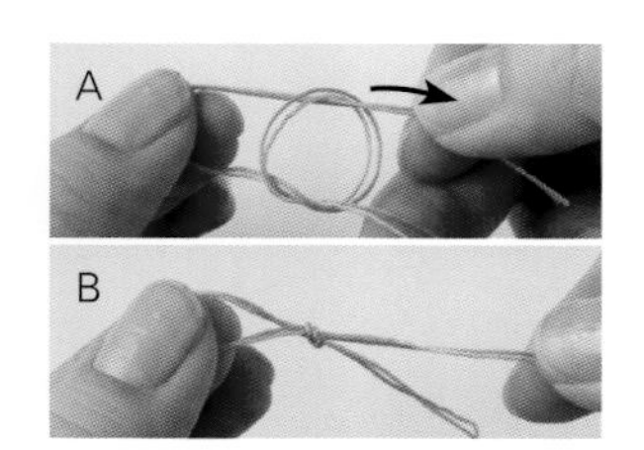

3 从线圈中拉出左手捏住的线（A）。收线，拉紧打结（B）。

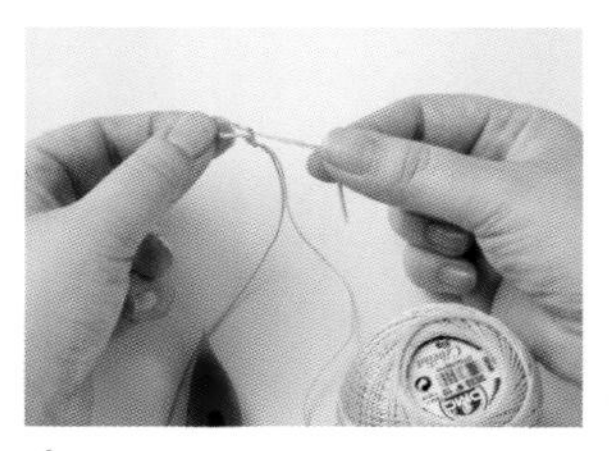

4 线结编织完成时，拉紧线头松开，并处理线头。

5 左手的拇指和食指捏着线结，线在左手的手背上穿过，在小指上绕一两圈。

●元宝结（下针＋上针）的编织方法

※按编织桥的左手挂线方法解说。

下针的编织方法

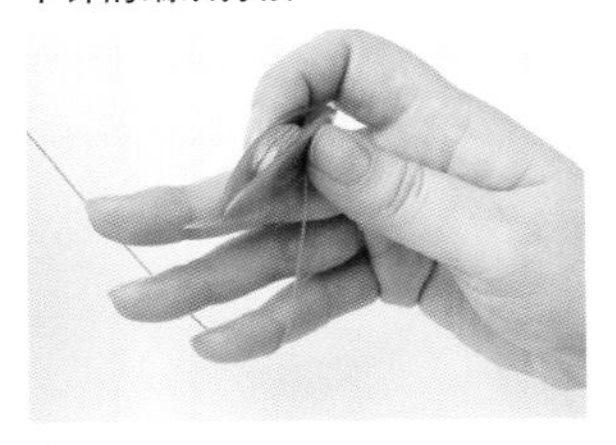

1 参照编织桥的挂线方法，左手挂线，右手拿着线梭，小指挂线。

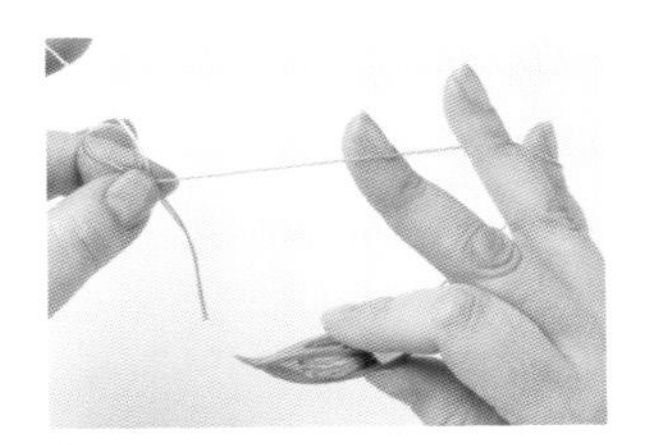

2 从小指处沿外侧在手腕处绕线。

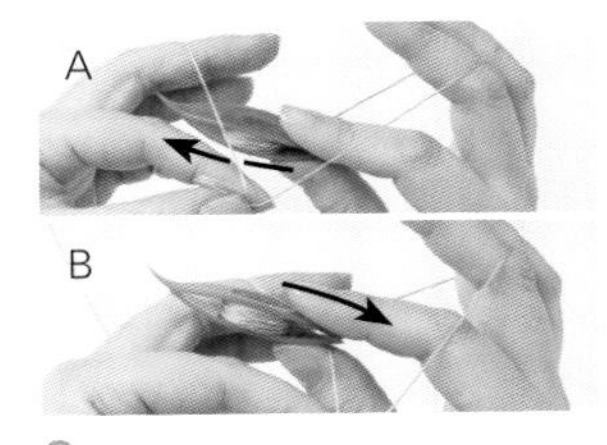

3 线梭在左手的食指处绕中指一圈从线的下方穿过（A），再沿箭头方向从线的上方穿出（B）。

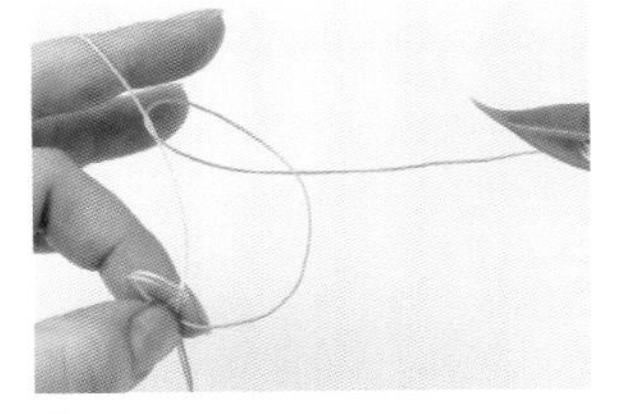

4 线梭的线绕过左手的线的样子。

5 拉紧线梭的线，松开左手的中指。线梭的线在左手编织好的样子。

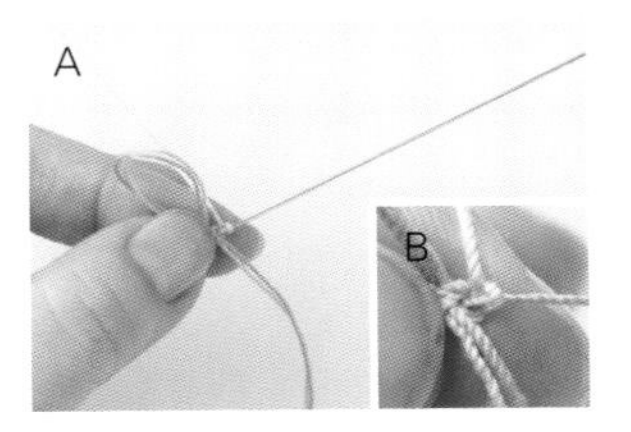

6 左手的中指拉出，编织完成的针目靠近结的边缘（A）。下针编织完成（B）。

上针的编织方法

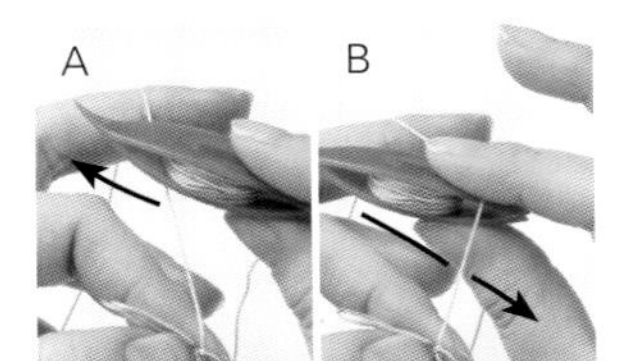

1 线梭在左手的食指向中指处从线的上方穿过（A），再从线的下方穿出（B）。

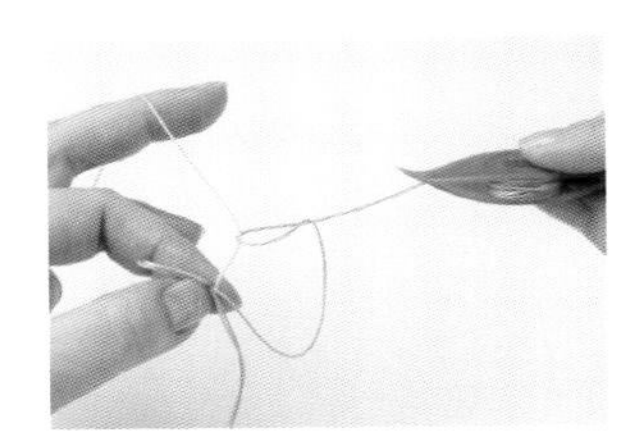

2 线梭的线绕过左手的线的样子。

3 拉紧线梭的线，松开左手的中指。线梭的线在左手编织好的样子。

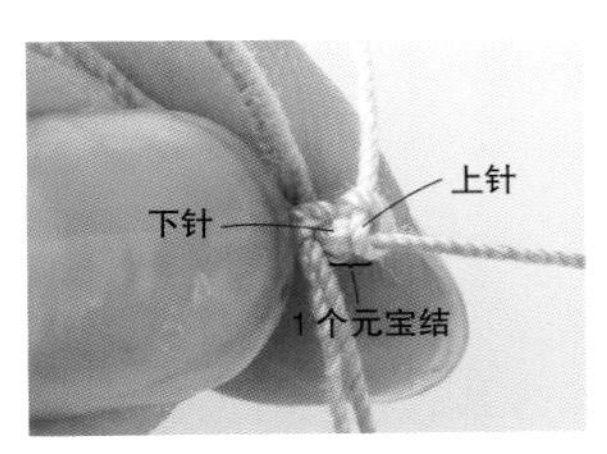

4 左手的中指拉出，编织完成的针目靠近下针的边缘。下针和上针计为1个元宝结。

●针目的松开方法

上针时

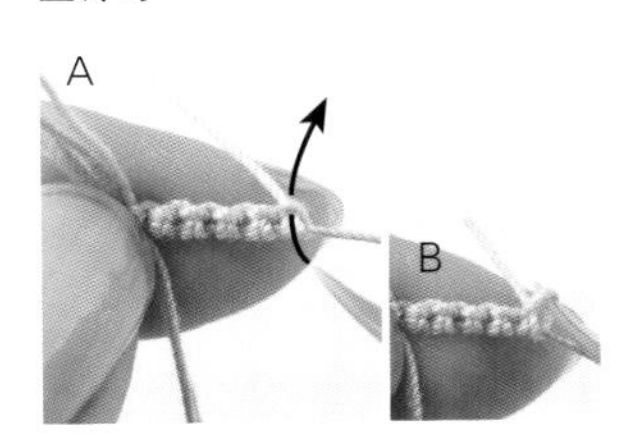

1 线梭的尖角插入箭头所示的针目（A）中，稍稍松动针目（B）。

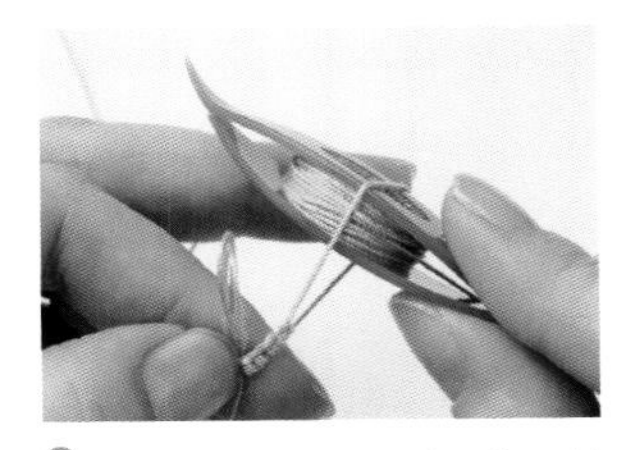

2 拉紧松动的针目形成的线圈侧，穿入线梭，松开针目。

3 上针松开的样子。

下针时

1 线梭的尖角插入箭头所示的针目（A）中，稍稍松动针目（B）。

2 拉紧松动的针目形成的线圈侧，从反面插入线梭，松开针目。

3 下针松开的样子。

环的制作

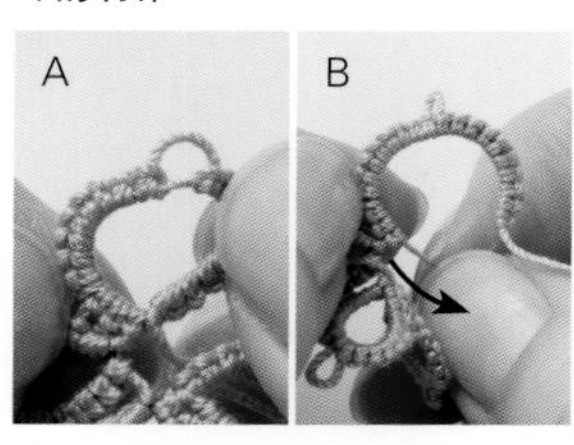

1 两手手指捏住耳的两侧，向左右展开（A）。手指压住环的底部，左右展开，按箭头方向拉紧底部的芯线，扩大环（B）。

2 环扩大后的样子。参照针目的松开方法，从边缘针目开始松开。

●编织起点的方法

使用预固定夹子

对齐线梭的线头和线团的线头，用夹子夹住，参照左手挂线的方法（编织桥），开始编织。

使用回形针

起始位置穿入回形针，参照第6页左手挂线的方法（编织桥），开始编织。

Point lesson

重点教程

作品 89　梭编花朵

图…第44页

花片的编织方法

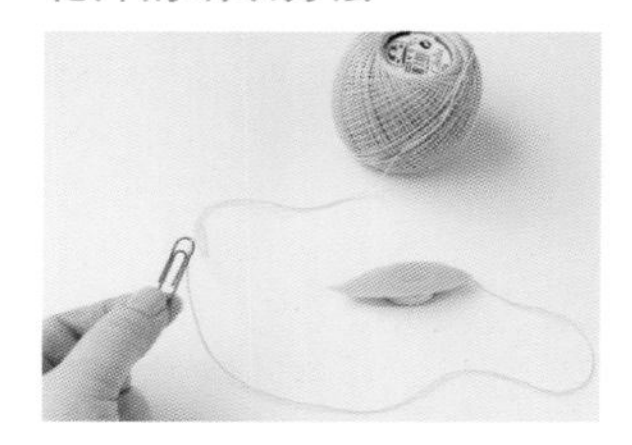

准备线团和线梭，回形针插入编织起点处。参照第6页，左手挂线，线梭的线作为芯线，用线团的线编织。

●耳的编织方法

第1圈

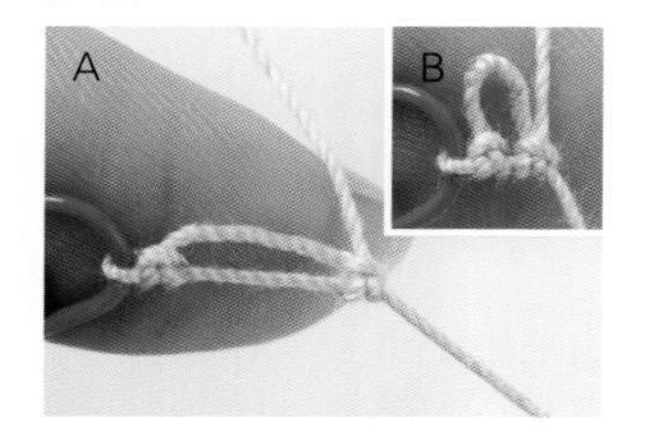

编织1个元宝结（A），隔开1.2cm（耳长度的倍数），编织1个元宝结（参照第7页），拉紧至上个耳的边缘。

●手工耳的制作方法

第1圈的编织终点

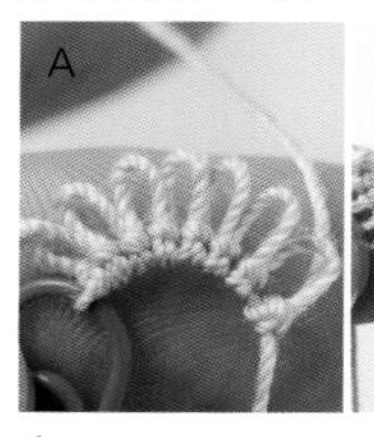

1 编织第1圈（A），松开编织起点的回形针。

2 松开回形针，蕾丝针穿入完成的孔中。

3 拉出芯线（线梭上的线），制作环。

4 线梭穿入环中。

5 拉紧线梭的线，收紧环。

第1圈完成

6 制作耳的长度标准，穿入两侧的耳中，对齐长度打结（A）。线梭的线和线团的线和耳的长度相同，制作单结（B）。

第2圈

1 参照第6页，线团侧的线挂在左手，编织桥。

2 编织最初的桥“2个元宝结、耳、1个元宝结、耳、2个元宝结”。

扭转第1圈的耳

3 压住第2圈，扭转1次第1圈的织片。

4 蕾丝针穿入第1圈最初的耳中，如箭头所示，转动一圈半。

●线梭连接

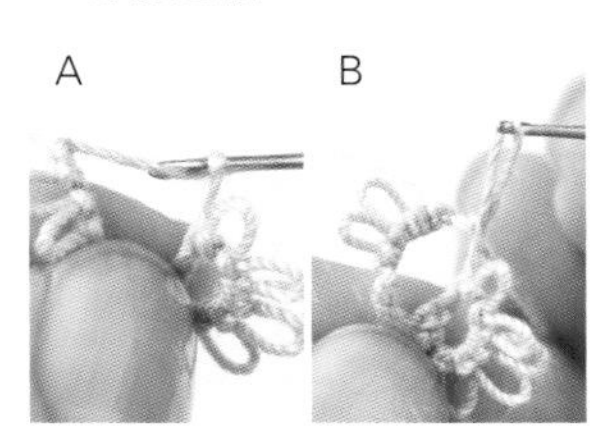

1 线梭的线（芯线）挂在针头上（A），拉出线，制作环（B）。

2 线梭穿入环中。

3 拉紧线，线梭连接完成。

第2圈的编织终点

1 “编织桥，扭转第1圈的耳，线梭连接”，重复整圈。

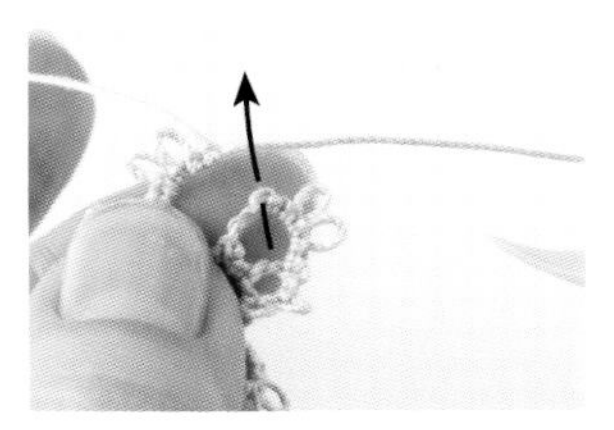

2 线梭的尖角插入箭头所示的针目中。

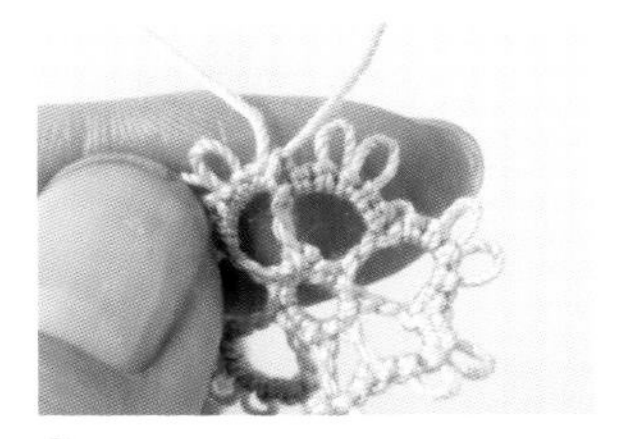

3 线梭连接，第2圈完成。第3~9圈同样替换耳的长度，按第2圈相同要领编织。

●线头的处理

花片的编织终点

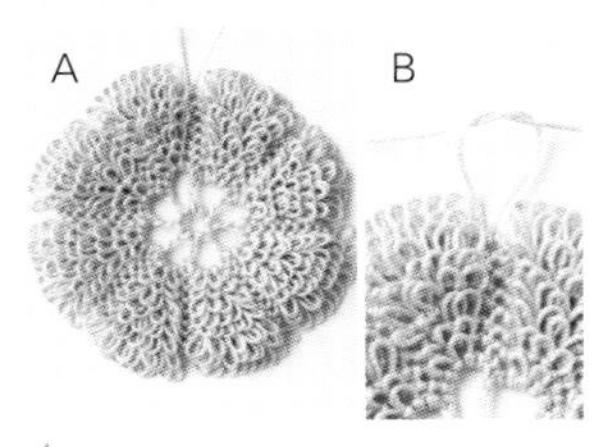

1 中心的花朵花片编织完成（A）。编织终点的线头打结1次（B）。

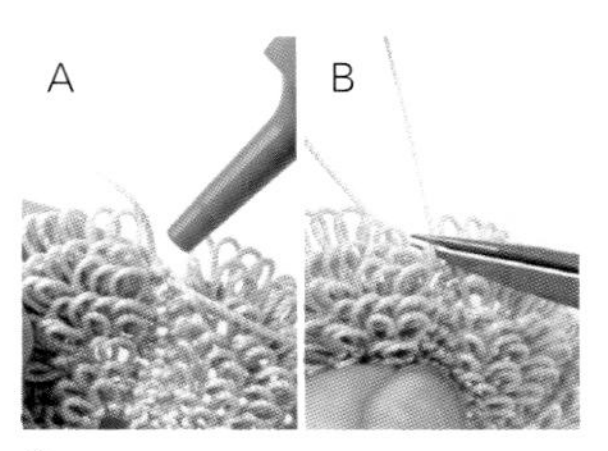

2 胶水固定线结（A）。再次打结，待胶水干后，剪断线头（B）。

外圈的蝴蝶的编织方法

●环的编织方法

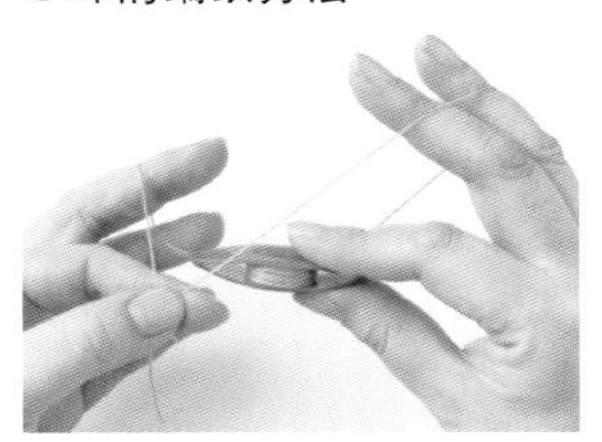

1 参照第6页（编织环），左手挂线，右手捏住线梭。

左手的线的松开方法

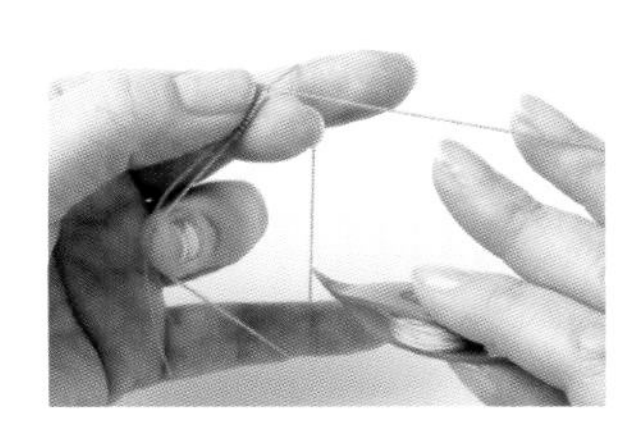

2 编织10个元宝结。缠绕在左手上的线收紧时，左手的无名指挂线，压线拉出。

线梭的线的拉出方法

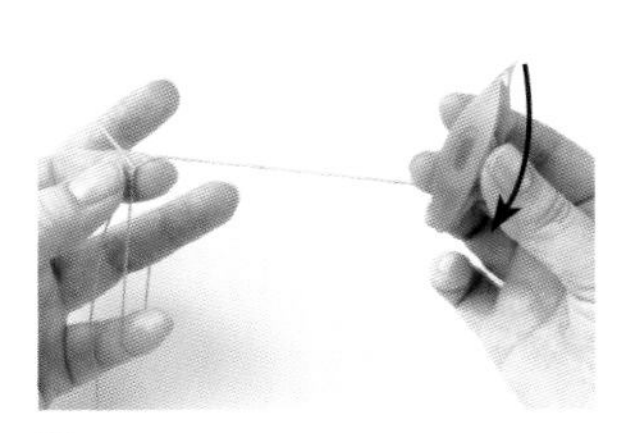

3 按绕线的相反方向转动线梭，拉长线。

4 接步骤2，编织耳、8个元宝结、耳、3个元宝结。

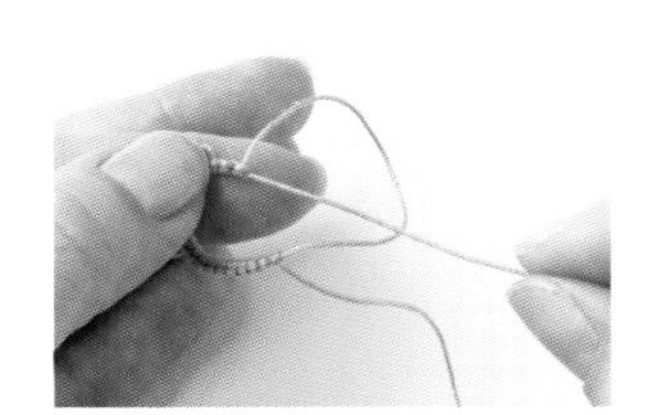

5 手松开织片，拉出芯线，制作环。

6 用手指调整环，拉出线梭的线，调整环的形状。最初的环完成。

●环的编织要点

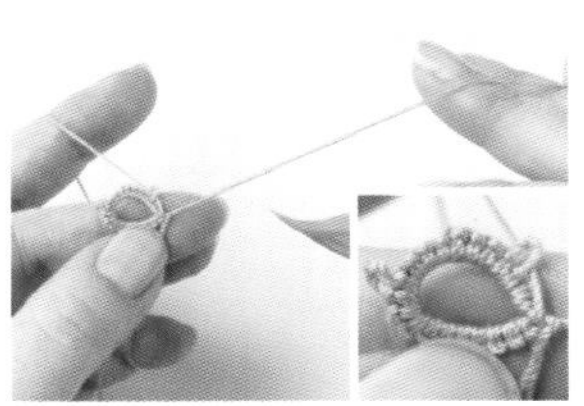

开始编织第2个环时，左手捏第1个环，和线梭的渡线重合，开始编织。

●接耳

1 第2个环编织3个元宝结。

重点教程

2 从编织接耳开始，用线梭的尖角拉出编织线，制作线圈。

3 线梭穿入线圈中。

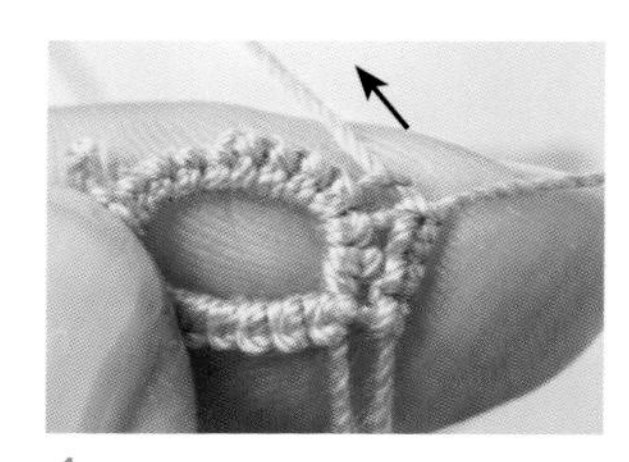

4 按箭头的方向拉紧线，接耳编织完成。

蝴蝶的编织终点

5 参照编织图，用环编织翅膀，接耳连接。

●桥的编织方法

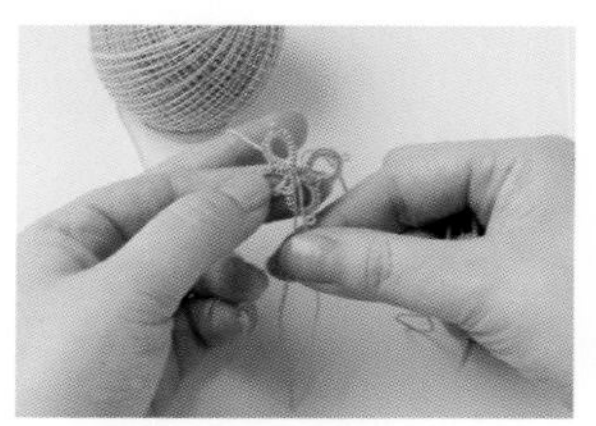

1 翻面拿着蝴蝶花片，对齐蝴蝶的编织终点和线团的线头，用左手的拇指和食指捏住。

2 参照第6页，左手挂线，用线团的线编织6个元宝结、耳、7个元宝结。

3 接耳和花片连接，编织7个元宝结、耳、6个元宝结。

●环和蝴蝶花片的编织方法

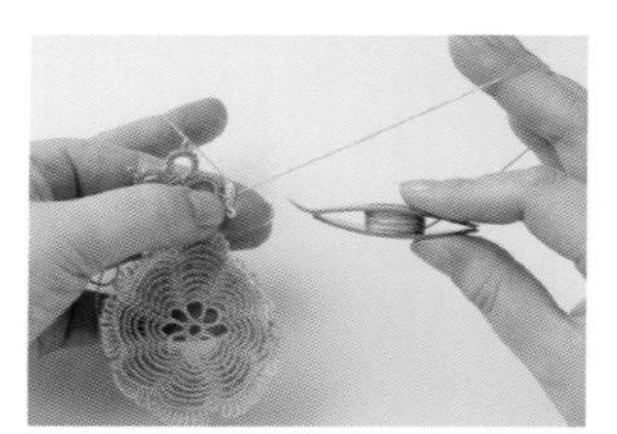

1 织片翻面重新拿着。

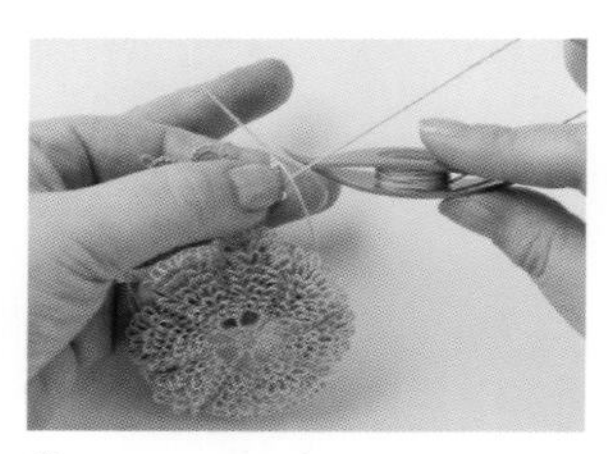

2 休线，用线梭的线编织环，再编织蝴蝶花片。

3 编织10个元宝结之后，第1个蝴蝶花片处做接耳连接。

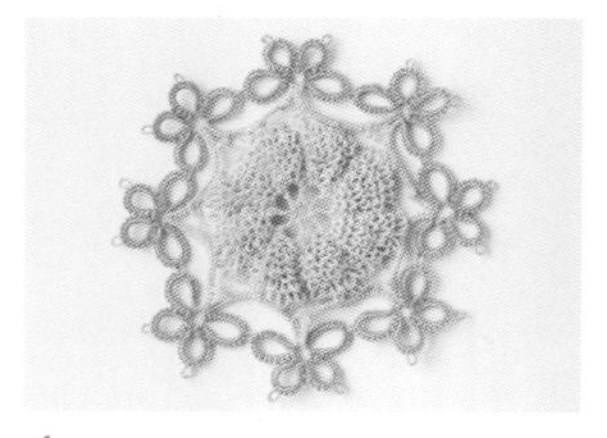

4 "编织环、蝴蝶花片、桥"重复整圈，编织终点参照第9页，线头打结用胶水固定。

作品 80　花式戒指

图…第41页

●编织成圆形时最后的接耳连接

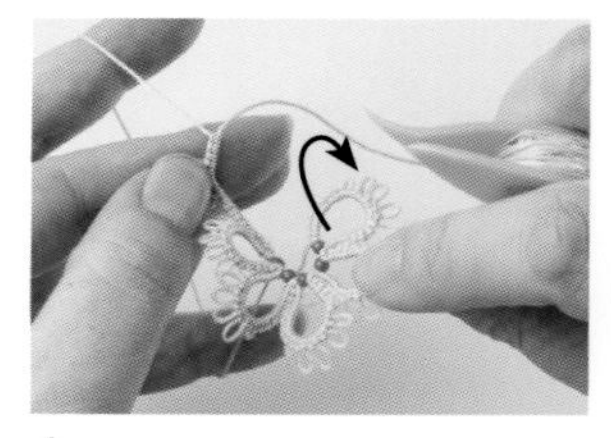

1 参照记号图，编织至中心的花的最后的接耳处。

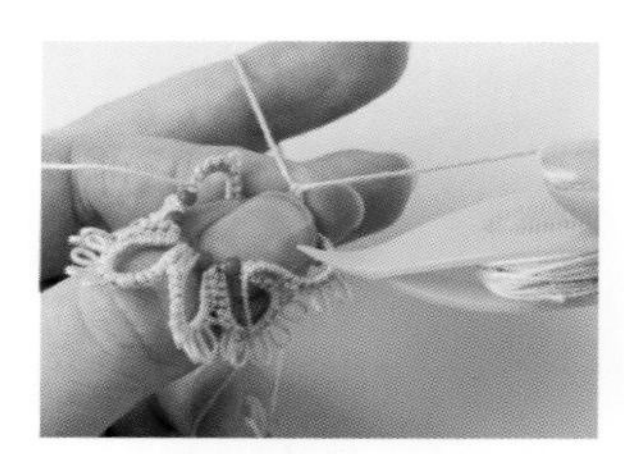

2 如步骤1的箭头所示，织片翻面挂于左手。

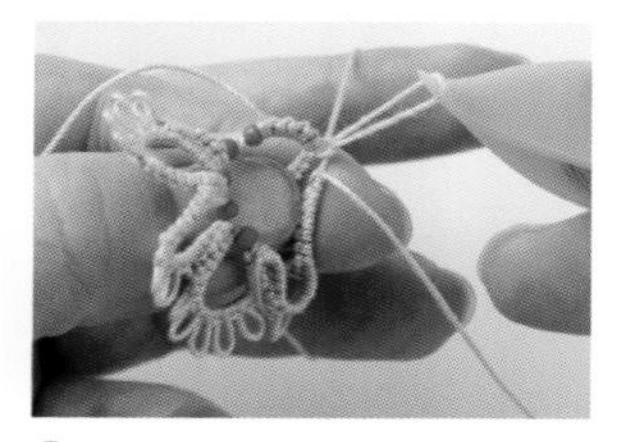

3 从编织接耳的正面，用线梭的尖角拉出编织线，线梭连接。

4 接着，编织5个元宝结，拉紧环。

5 不扭转耳，编织接耳。

串珠的编入方法

●编织线中穿入串珠的方法

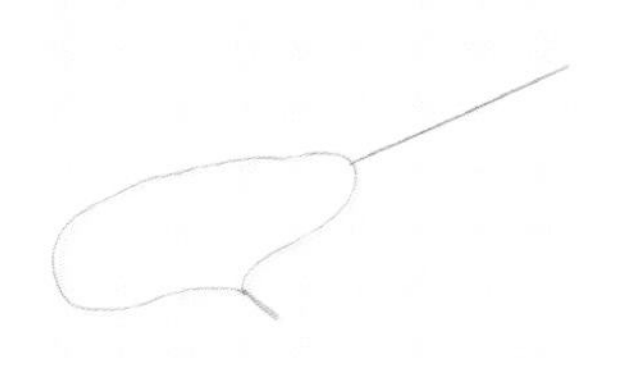

1 50号轴线穿入珠针，按○cm左右取双线，打结。

2 移开线结，编织线穿入线环。

3 用针尖挑起串珠。

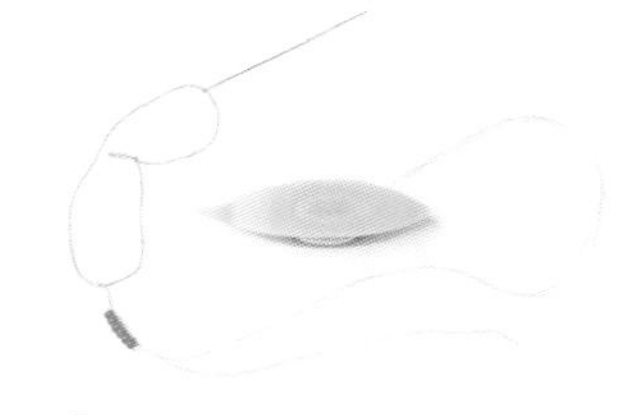

4 将串珠从轴线穿入编织线中。

作品 65　几何花片链条

图…第 36 页

●编入桥的芯线

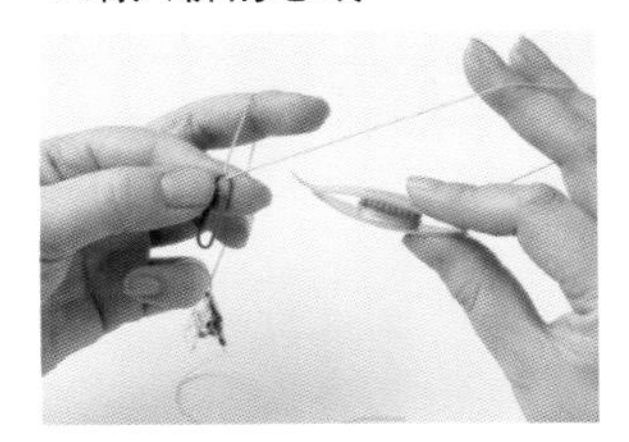

1 串珠绕入线梭，使用回形针开始编织。※用左手的线头穿过回形针，重叠后编织会更容易。

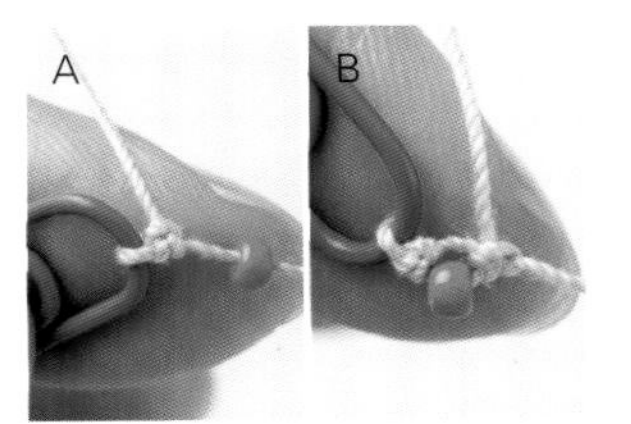

2 编织1个元宝结，串珠送入元宝结的边缘（A）。接着，编织1个元宝结。

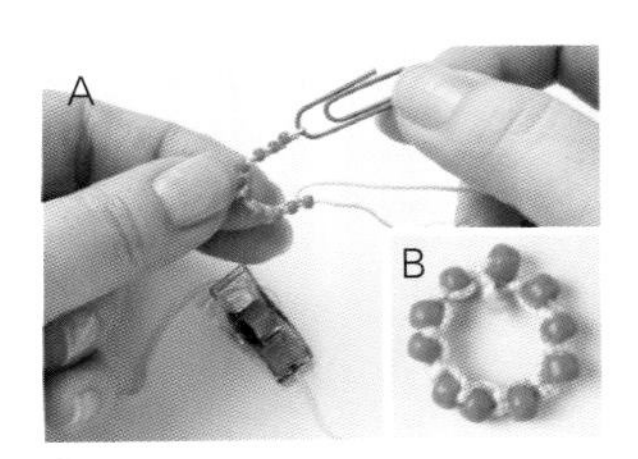

3 重复步骤2的“送入串珠，1个元宝结”，编入10颗串珠（A）。编织终点松开回形针，线穿入完成孔内打结（B）。

作品 41　花

图…第 24 页

●纵向渡线编入

1 串珠绕入线梭，编织环。

2 串珠送入环的底部。

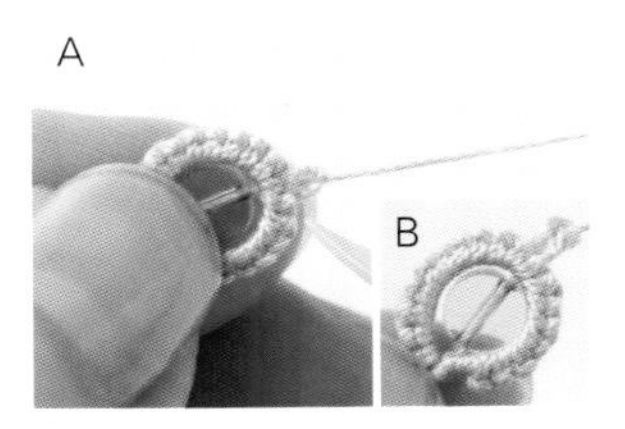

3 穿入串珠的线从反面靠近环的中心，线梭在环的耳侧（A）连接。串珠编入完成（B）。

4 留出间隔编织环，重复步骤2、3，编入串珠。

作品 29　饰边

图…第 17 页

●编入变形的环的芯线

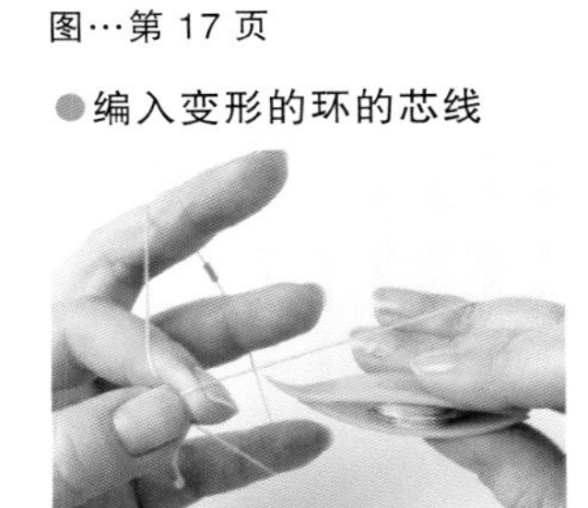

1 串珠绕入线梭，绕于左手的线编入1颗串珠。

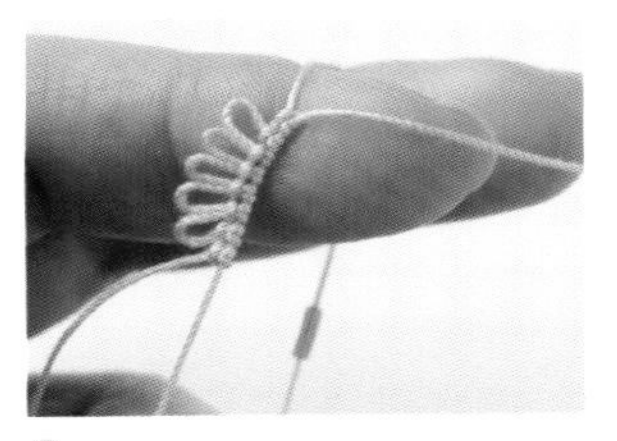

2 编织图示的针数和耳，松开环。

3 拉出线梭的线。环中编入1颗串珠。

作品 85　花式戒指

图…第 41 页

●在耳中编入

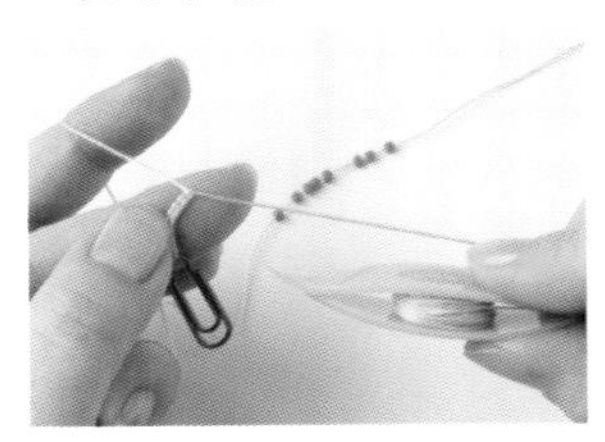

1 串珠送入线团处，编织9个元宝结。

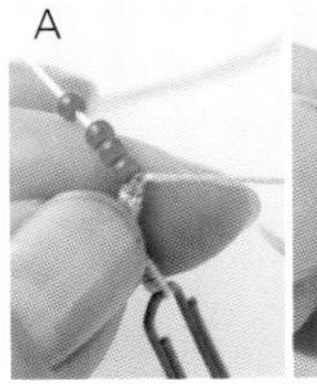

2 耳的编织线（A），送入串珠编织元宝结（B）。

Point lesson

作品 58　球形花片

图…第33页

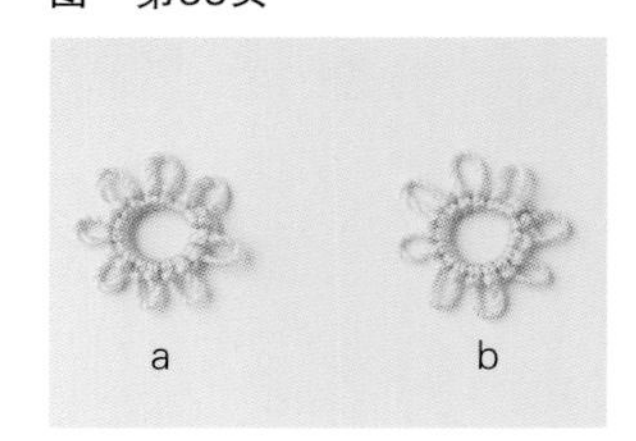

1 编织2个环。

2 看着环a的反面，用线梭的尖角拉出编织起点处的线，制作线圈。

3 线梭穿入线圈，拉出线。

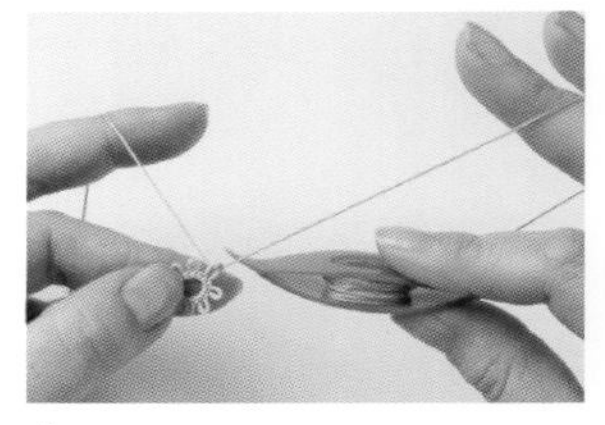

4 参照第6页，左手挂线，编织桥。

5 桥编织完成。

6 看着环b的反面，在图中位置重叠连接。

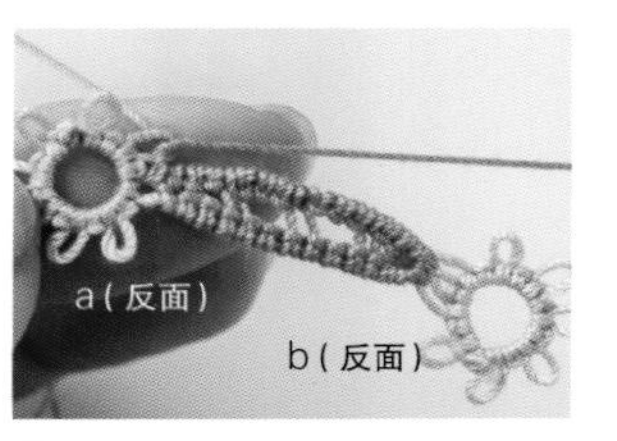

7 编织桥，环a的耳处用线梭的线连接。

8 按照图示，步骤7中线梭的线连接的环a和环b处重合，编织桥，编织终点穿入线头打结。

作品 97　雪球花胸针

图…第48页

1 编织第1圈，用线梭的尖角从最初的耳中拉出编织线，制作线圈，穿入线梭。

桥的接线方法

2 桥的线穿入线圈，收紧线梭的线。图为线梭线穿入桥的编织线的样子。

花瓣的编织方法

3 编织环。

4 织片翻面，编织桥，看着第1圈的正面编织接耳。

●作品的定型方法

花的定型

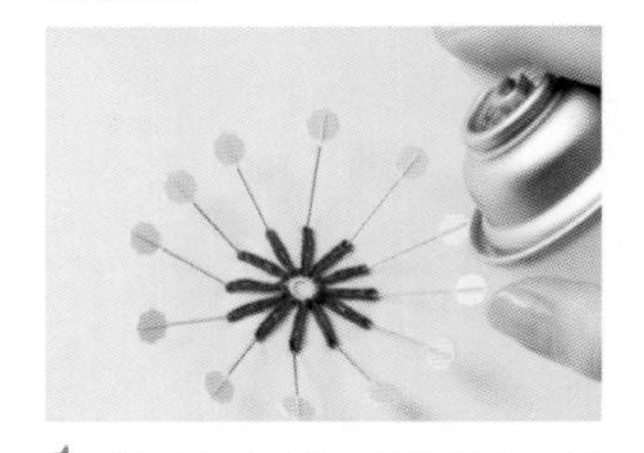

1 花瓣的反面朝上调整形状，用珠针固定在熨烫台上，使用喷胶定型。※如果担心喷胶黏着，可在中间夹入复印纸之后再插入珠针。

2 蒸汽熨烫，待干后取下珠针。

叶的定型

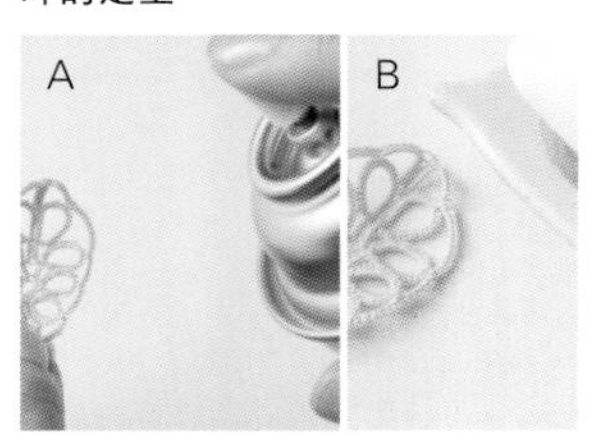

1 叶的正面使用喷胶定型（A），蒸汽熨烫（B）。

2 半干状态时用手指调整形状，使叶片有隆起感。

作品84　花式戒指

图…第41页

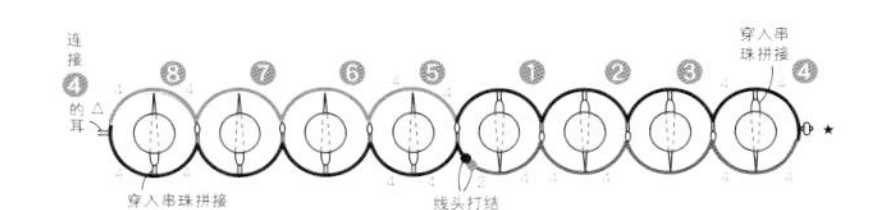

●长耳的编织方法

1 使用回形针开始编织，编织至长耳位置后，用拇指和食指捏着参照物，从参照物的下方穿入线梭，编织耳。*参照物用卡片（电话卡等）等裁剪制作。

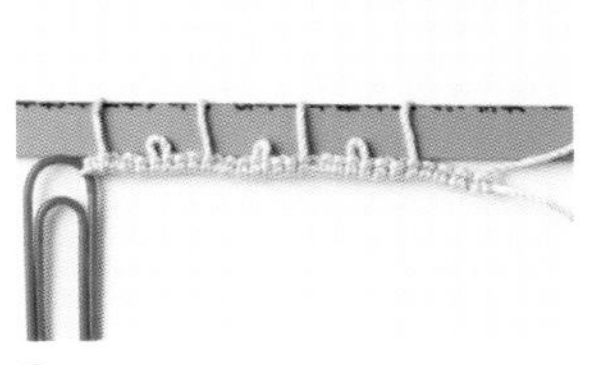

2 编织一字线部分。

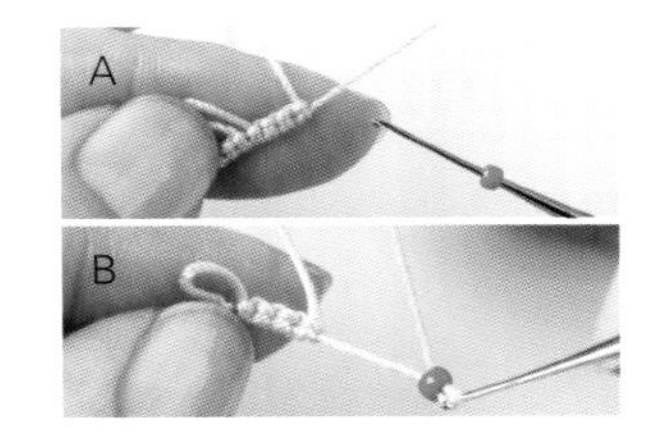

3 在★位置穿入串珠。串珠穿在钩针（A）上，芯线挂在针尖引拔（B）。

4 取出蕾丝针，回形针穿入完成的孔。

●串珠的编入方法

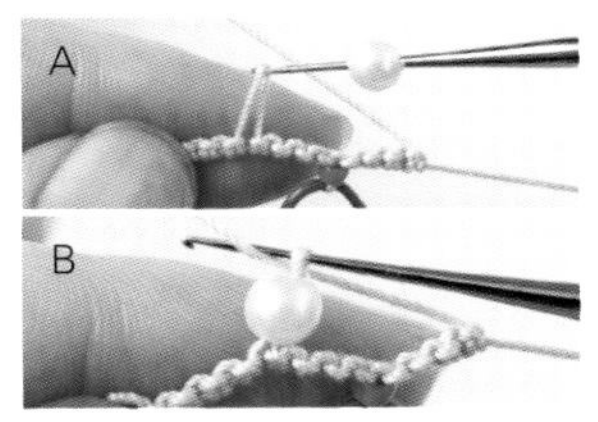

1 一字线部分的元宝结编织4针之后，串珠穿入蕾丝针（A）中，针尖插入耳中（B）。

2 编织线挂于针尖拉出，制作线圈。

3 线梭穿入线圈中。

4 拉紧线梭的线。

5 参照步骤1~4编入串珠，编织至△位置。

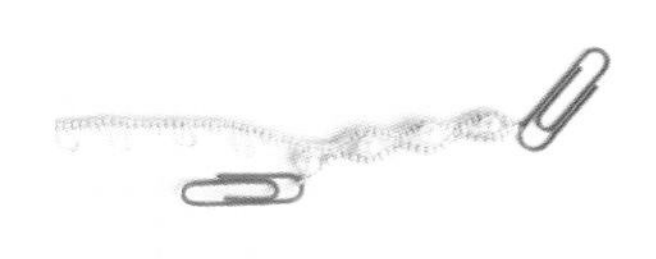

6 按照记号图，编织一字线部分。

7 对齐一字线部分的编织终点和★位置，连接成环形。

★和△处连接

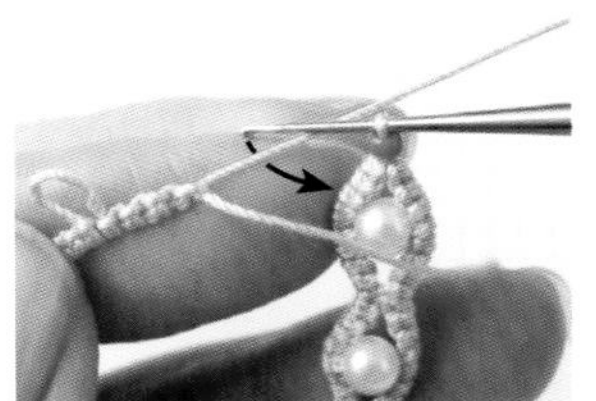

8 松开回形针，蕾丝针穿入完成的孔内。

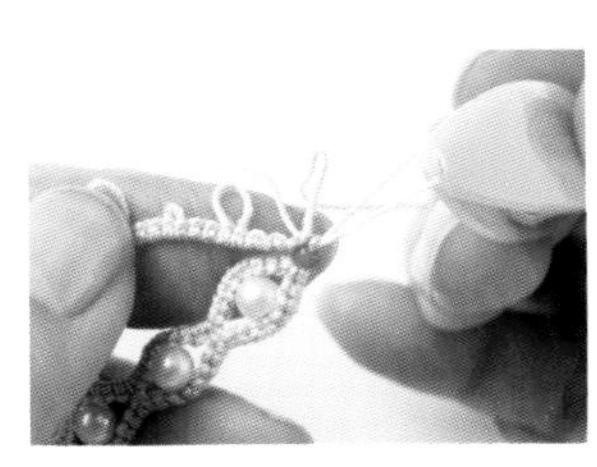

9 按照步骤8的箭头所示，编织线挂在针尖，拉出制作线圈，穿入线梭。

10 收紧线。

11 参照串珠的编入方法（步骤1~4）部分，编织至编织起点位置。

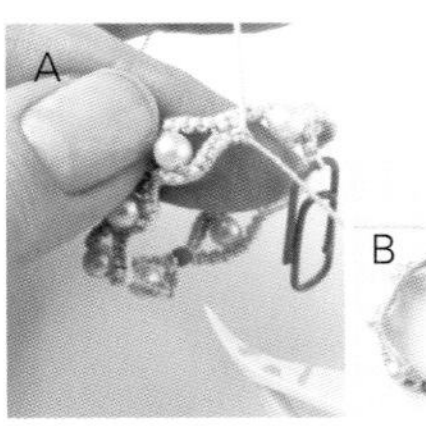

12 编织终点松开编织起点的回形针（A），线头穿入完成的孔内打结（B）。

立体花片

○、△、□…

编织成立体的几何花片，也可以再点缀上串珠。

编织方法　第62页

☆形状和♡形状等具有少女情怀的精美花片。纤细的花样令人着迷。

编织方法　第62、63页

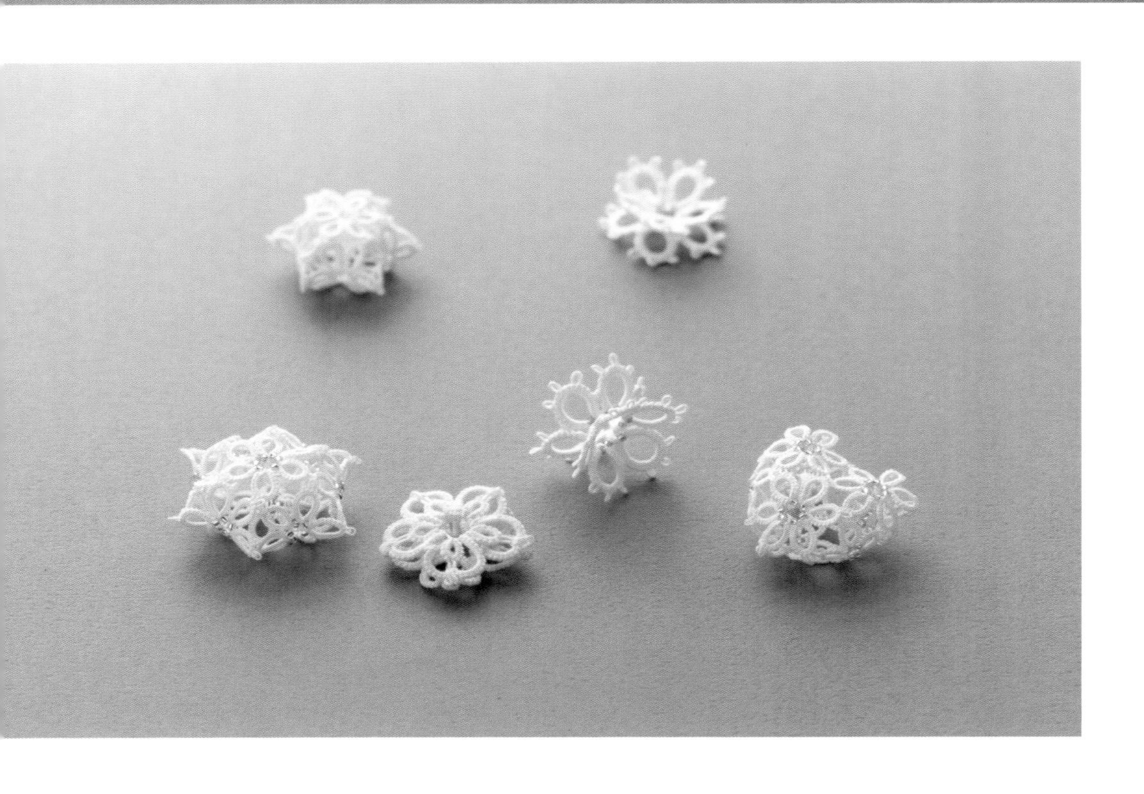

饰边

亮金色饰边

金银线编织的奢华饰边，最适合制作成项链或手链等。
每根饰边都是重复编织同一个花样完成的，根据用途调整编织长度即可。

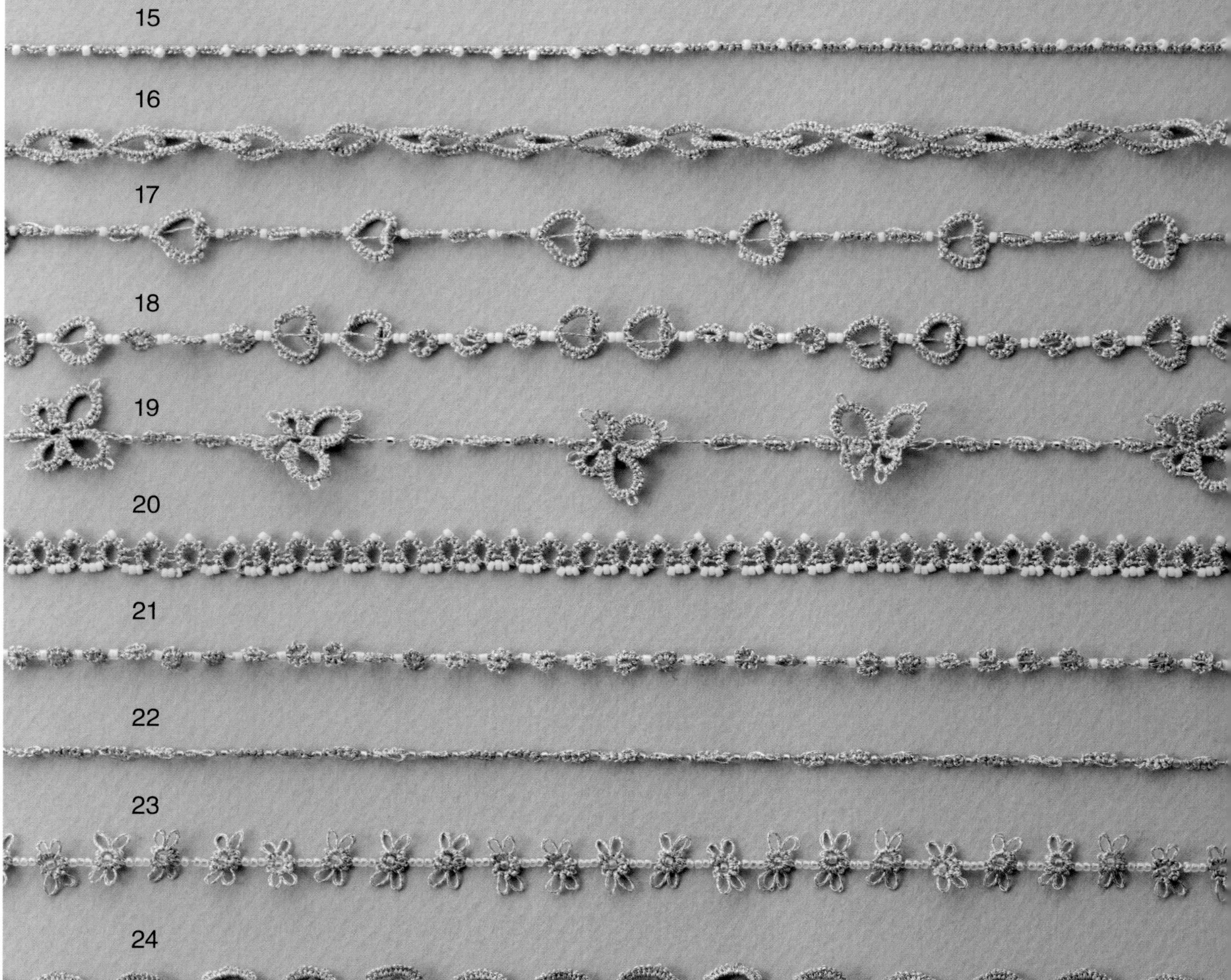

15

16

17

18

19

20

21

22

23

24

编织方法　作品15～22…第18页，作品23、24…第19页

亮银色饰边

除了重复编织同一种花样的饰边以外，还有将几种花样搭配而成的可爱配饰。

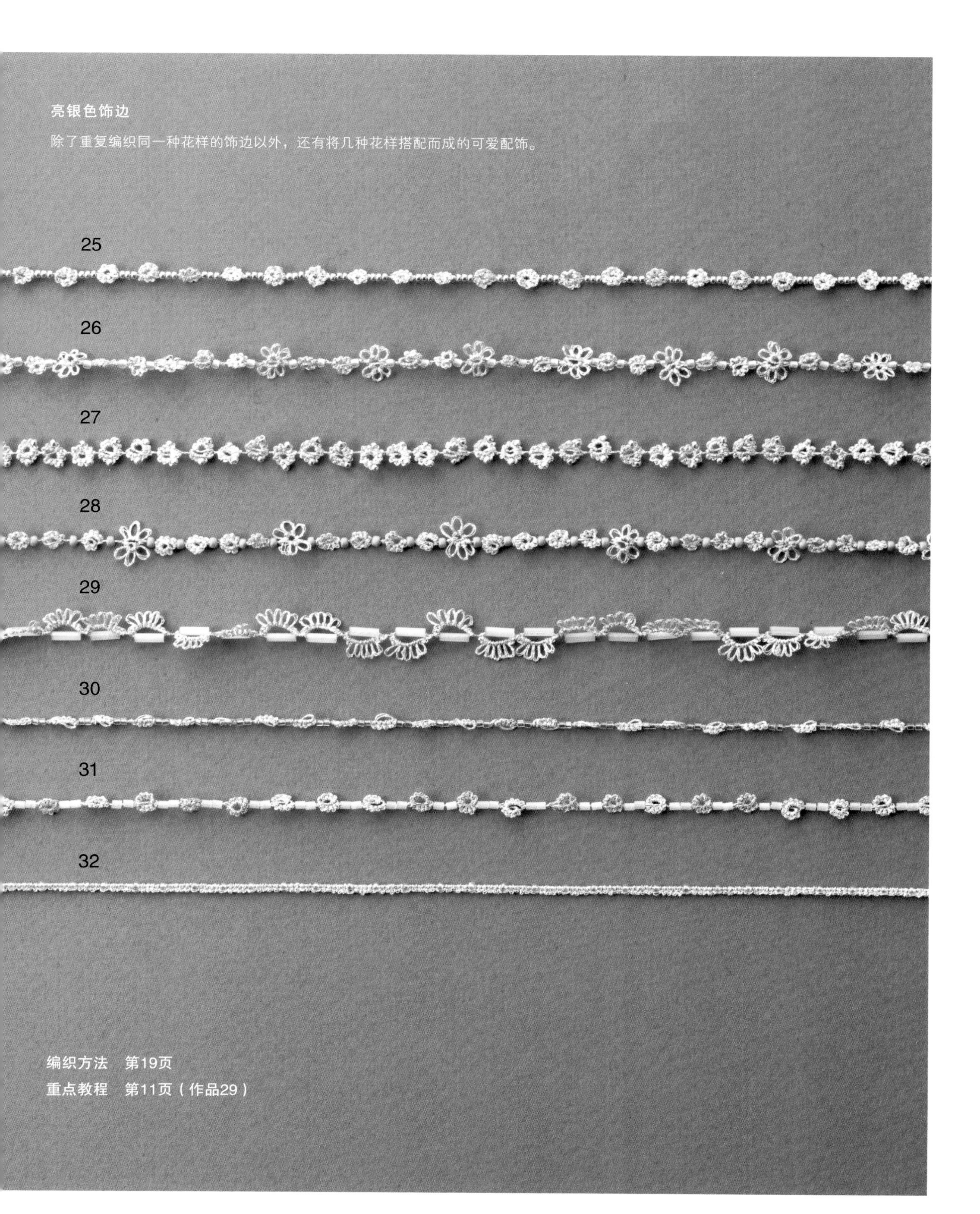

编织方法　第19页
重点教程　第11页（作品29）

作品15、16、17、18、19、20、21、22　饰边

图…第16页

需要准备的物品

作品 15~22 通用 Diamant/ 亮金色（D3821）…少量
作品 15 特小串珠 / 白色（122）…47 颗
作品 17 特小串珠 / 白色（51）…27 颗
作品 18 小圆串珠 / 白色（122）…56 颗
作品 19 小圆串珠 / 银色（31）…25 颗
作品 20 特小串珠 / 白色（51）…177 颗
作品 21 复古串珠 / 粉色（A-191C）…40 颗
作品 22 特小串珠 / 粉色（2107）…35 颗

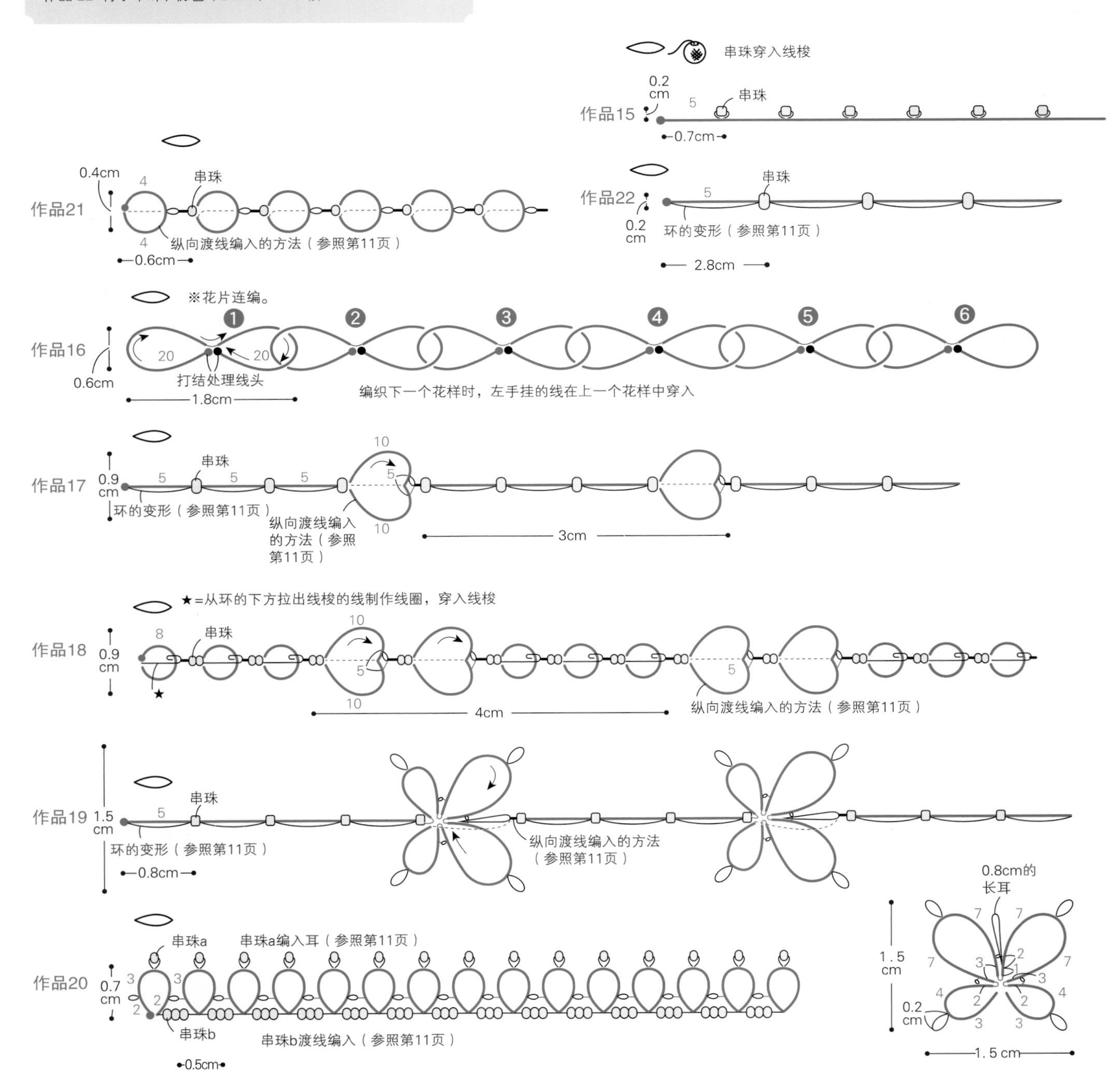

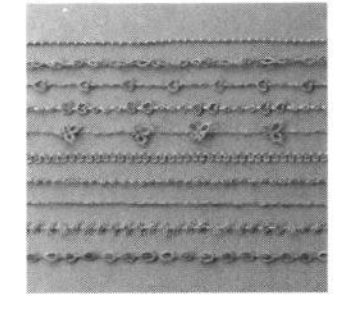
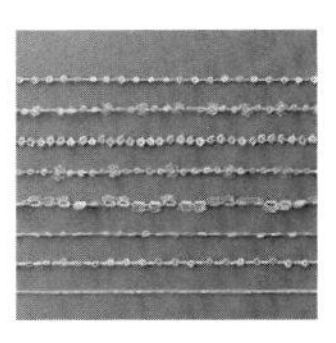

作品21、22、23、24、25、26、27、27、28、29、30、31、32 饰边

作品21~24…图 第16页
作品25~32…图 第17页

需要准备的物品

作品 23 Diamant/ 亮金色（D3821）…少量 特小串珠 / 浅粉色（171L）…117 颗
作品 24 Diamant/ 亮金色（D3821）…少量 特小串珠 / 粉色（2107）…75 颗、亚克力切珠（3mm）/ 粉色（J–75–7）…19 颗
作品 25 Diamant/ 亮银色（D168）…少量 特小串珠 / 金色（557）…87 颗
作品 26 Diamant/ 亮银色（D168）…少量 小圆串珠 / 金色（22F）…38 颗
作品 27 Diamant/ 亮银色（D168）…少量 特小串珠 / 金色（557）…84 颗
作品 28 Diamant/ 亮银色（D168）…少量 小圆串珠 / 金色（712F）…78 颗
作品 29 Diamant/ 亮银色（D168）…少量 金属串珠 / 蓝色（1482）…29 颗
作品 30 Diamant/ 亮银色（D168）…少量 特小串珠 / 蓝色（263）…58 颗
作品 31 Diamant/ 亮银色（D168）…少量 金属串珠 / 浅蓝色（1421）…52 颗
作品 32 Diamant/ 亮银色（D168）…少量 特小串珠 / 蓝色（170D）…39 颗

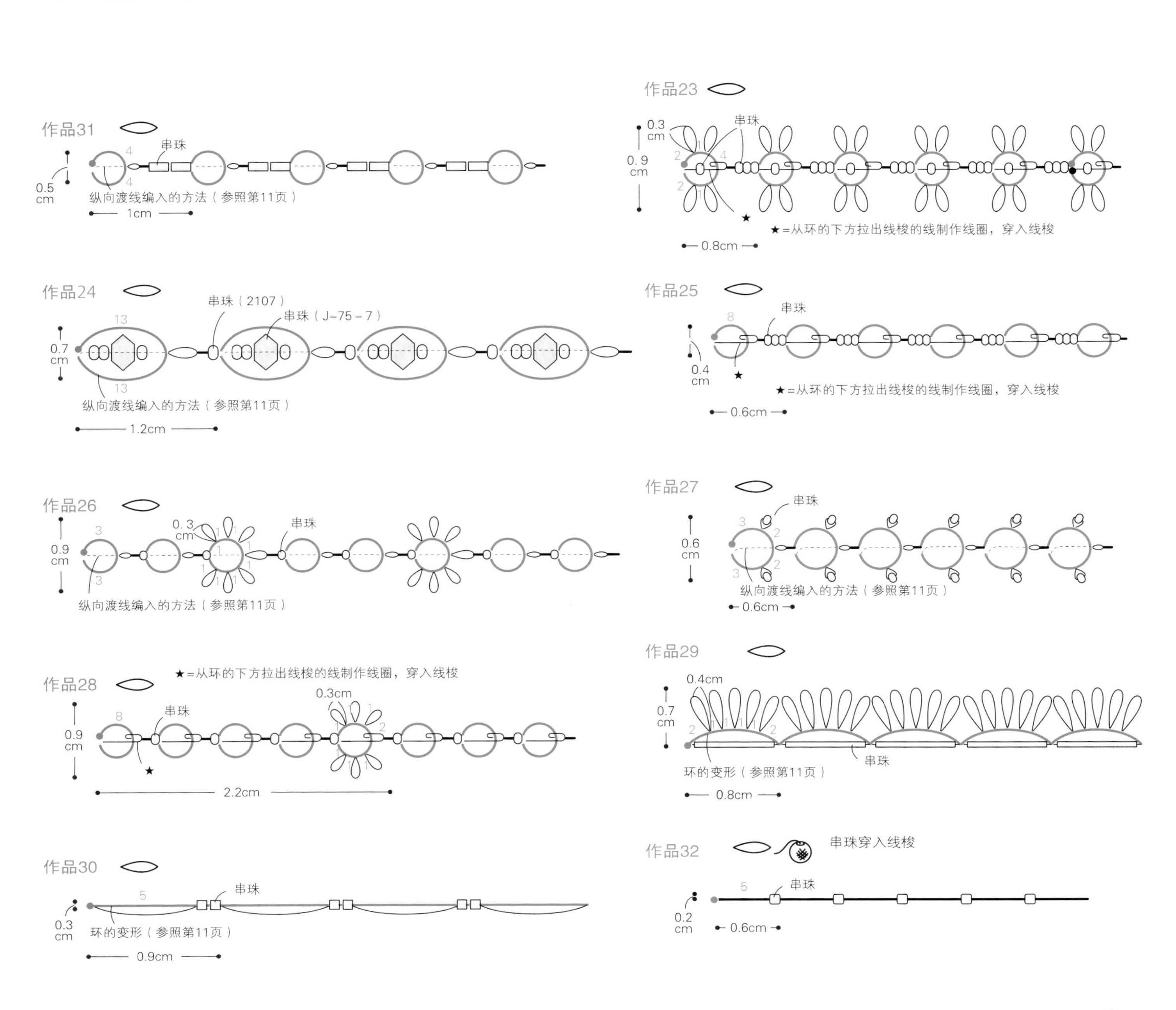

Arrangement

立体花片、饰边

手链、项链

穿入球体花样的双层手链和设计简单的项链。

作品33 手链…第14页 花片（见作品2）、第16页 饰边（见作品22）
作品34 项链…第16页 饰边（见作品16）

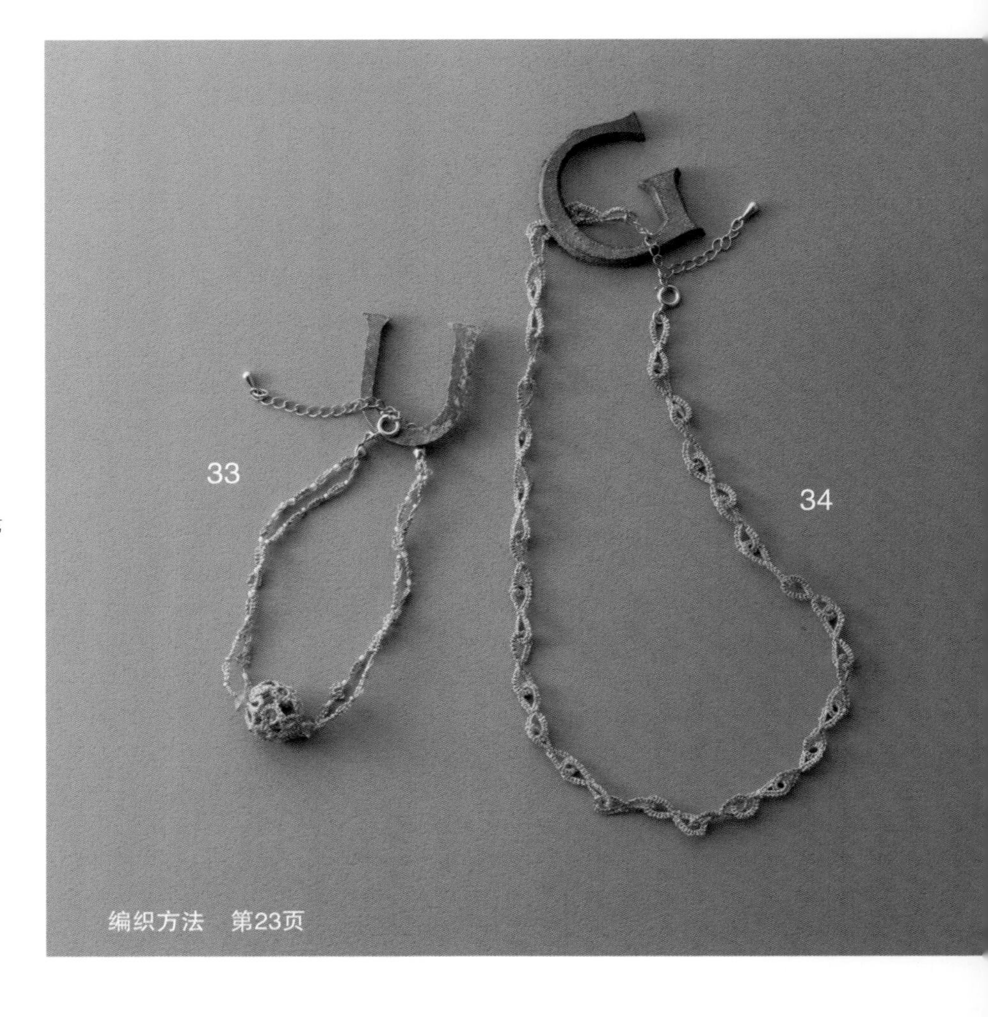

编织方法　第23页

编织方法　第23页

耳钉、手链

将春色融入花朵花片中，做成精美的耳钉和手链。

作品35 耳钉…第15页 花片（见作品9）
作品36 手链…第15页 花片（见作品9）、第16页 饰边（见作品22）

耳钉

改变线的粗细或颜色，可以编织很多作品。

作品37…第14页花片（见作品6）

作品38…第14页花片（见作品4）

手链、项链

用自己喜欢的饰边编织成手链，
再用最喜欢的心形花样作为项链的吊坠。

作品39　手链…第16页饰边（见作品21）第17页饰边（见作品25）+饰边（见作品30）

作品40　项链…第15页花片（见作品14）

39

40

编织方法　第23页

作品96　非洲菊胸针

图…第48页
※薄纱的编织方法参照第55页

需要准备的物品

CÉBÉLIA 30号 / 胭脂红色（816）…2g，黄色（745）、原白色（3865）…各少量

其他

别针（9-11）/ 银色（S）…1个

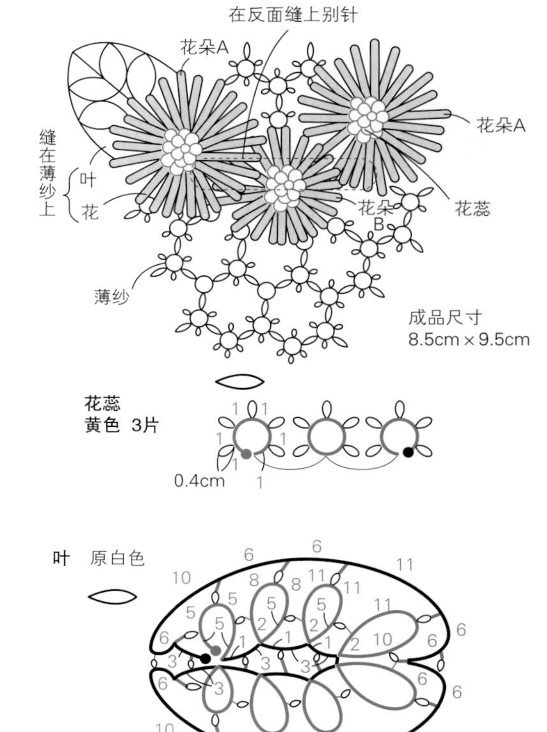

※花朵A、B都是花瓣a在花瓣b的上方，花蕊缝合在中心

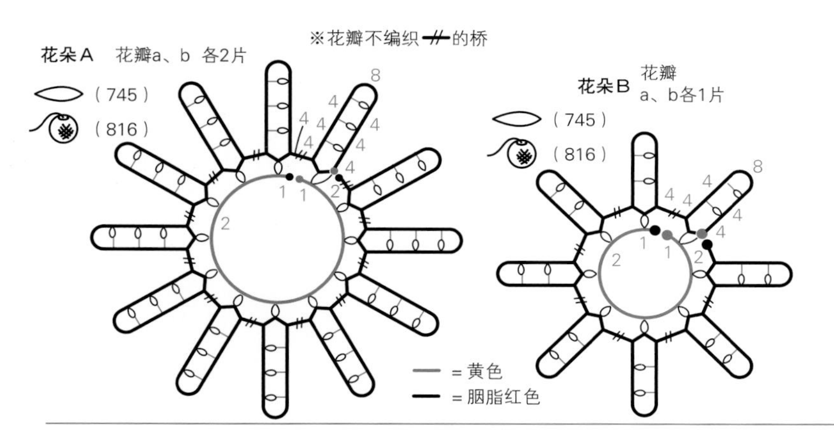

作品99　吊钟花胸针

图…第49页
※薄纱的编织方法参照第55页

需要准备的物品

CÉBÉLIA 30号 / 深蓝色（797）、蓝色（799）、浅蓝色（800）、橄榄绿色（3364）、深黄色（726）、黄色（745）…各少量

其他

别针（9-11）/ 银色（S）…1个

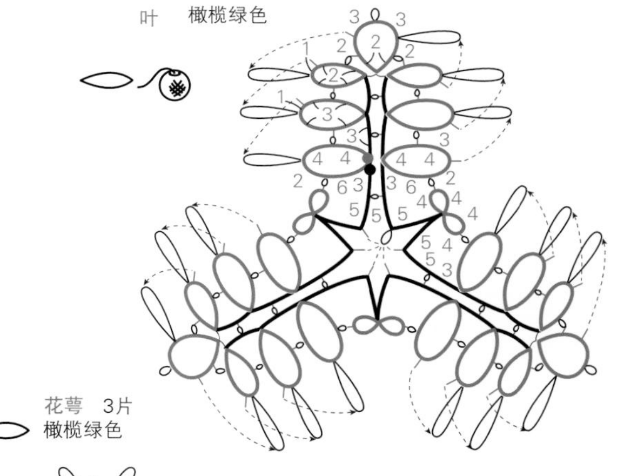

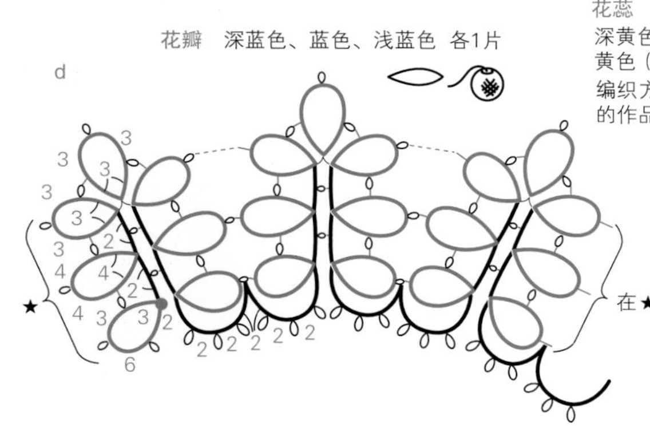

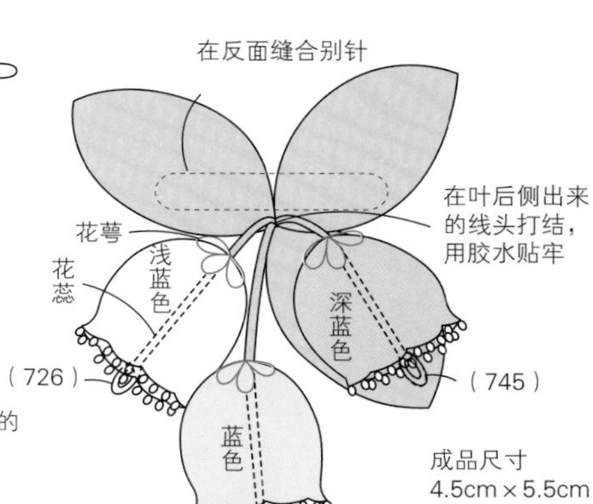

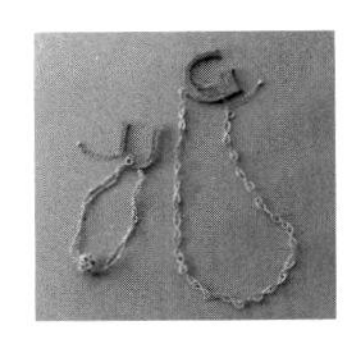

作品33　手链　作品34　项链　作品35　耳钉　作品36　手链
作品39　手链　作品40　项链

图…第20、21页

需要准备的物品

作品33手链 Diamant/亮金色（D3821）…少量 （链条A）小圆串珠/粉色（925）…24颗
（链条B）链条：金色特小圆珠（557）…22颗，装饰珠：玻璃切珠（3mm）/粉色（L–1685）…7颗，装饰串珠/透明（α–9013）…2颗
其他
调节挂钩（α–620）/亚光金色（MG）…1套
作品34项链 Diamant/亮金色（D3821）…少量
其他
调节挂钩（α–620）/亚光金色（MG）…1套
作品35耳钉 SPECIAL DENTELLES 80号/玫瑰粉色（601）…少量
其他
耳钉金具（α–571）/金色（G）…1套
作品36手链 Diamant/粉色（D316）、SPECIAL DENTELLES 80号/玫瑰粉色（601）…各少量，特小串珠/浅透明粉色（171L）…75颗
其他
钩扣（α–4430）/金色（G）…1套
作品39手链 Dimant/青铜色（D898）…少量
（链条A） 小圆串珠/蓝色透明（749）…23颗
（链条B） 特小串珠/青铜色（34）…57颗
（链条C）2条 特小串珠/青铜色（501）…各38颗
其他
调节挂钩（α–620）/古铜色（DF）…1套
作品40吊坠 BABYLO 30号/酒红色（815）…少量
特小串珠/酒红色（363）…44颗
其他
绳链（细）（α–653）/古铜色（DF）…1条

制作方法要点

（作品 33 手链）
花片参照第 62 页的作品 2，编织 1 个。链条 B 参照第 16 页的作品 22，编织 26 个花样。
串珠按图示顺序穿入线梭上的编织线，卷入线梭。

（作品 34 项链）
参照第 18 页的作品 16，编织 29 个花样连接。

（作品 35 耳钉）
花片参照第 15 页的作品 9 编织。

（作品 36 手链）
链条参照第 18 页的作品 22，参照作品 24 的花样编织，花片参照第 63 页的作品 9 编织。

（作品 40 项链）
链条 A 参照第 18 页的作品 21 编织 24 个花样，链条 B 参照第 19 页的作品 25 编织 19 个花样，链条 C 参照第 19 页的作品 30 编织 20 个花样。

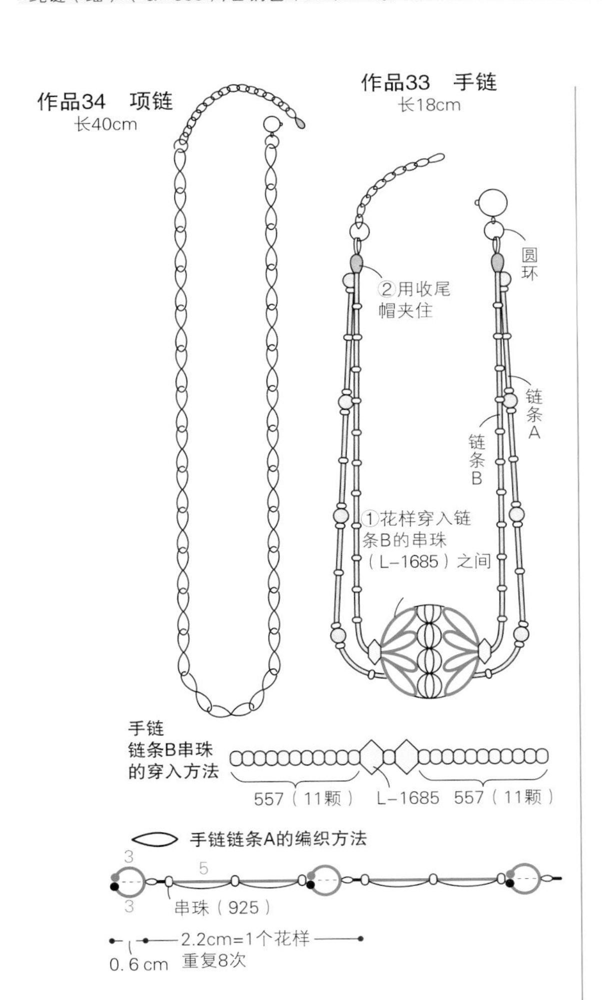

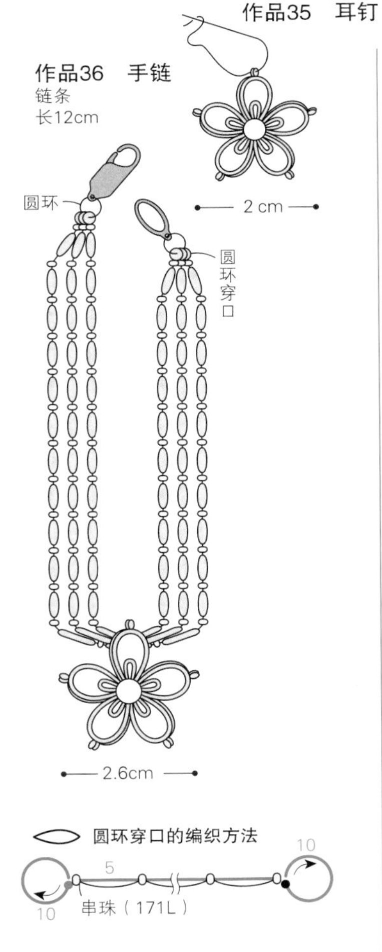

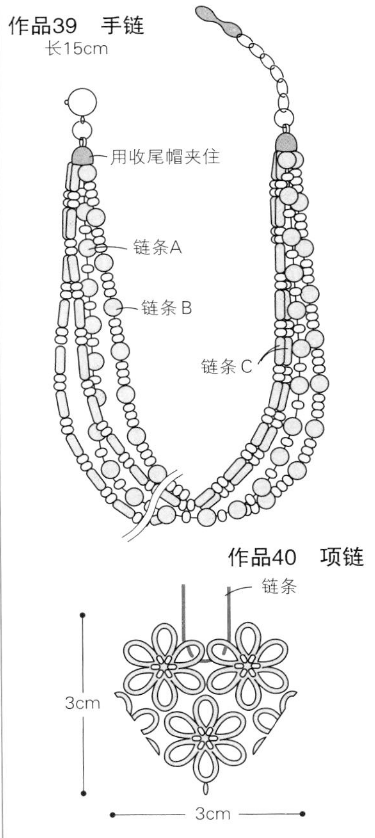

白色线搭配串珠的饰边、织带

白色线搭配紫色串珠彰显成熟气质。根据所使用串珠的形状及大小不同，效果也不同。

作品 41 花

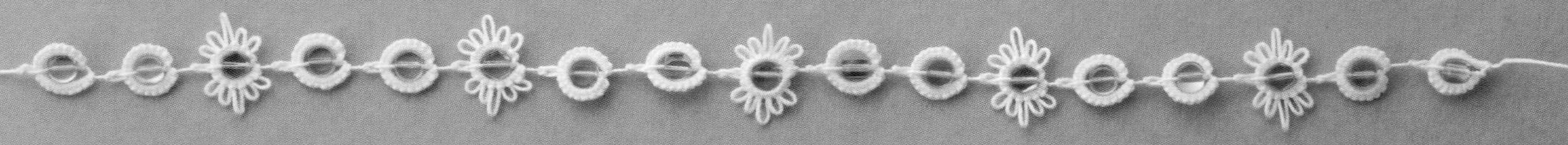

作品 42 蝴蝶

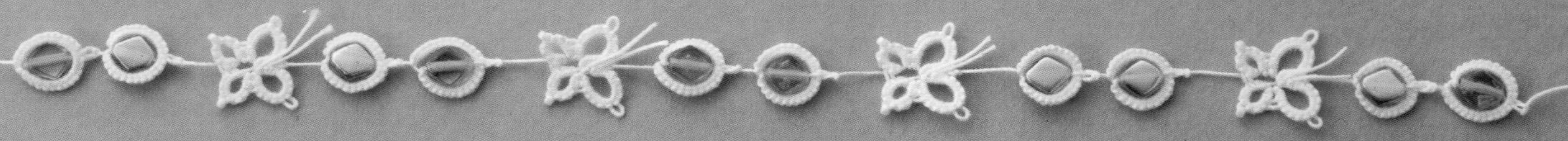

作品 43 花

作品 44 蝴蝶结

编织方法　第26页

重点教程 …第11页（见作品41）

耳环、装饰链

轻松编织重点装饰部分，让耳环和串珠更闪亮，是用纤细的花片构成的优雅装饰链。

作品45 耳环…（见作品43）

作品46 装饰链…（见作品41）

45

46

编织方法　第27页

作品41、42、43、44　白色线搭配串珠的饰边、织带

图…第24页

需要准备的物品

作品 41 CÉBÉLIA 30 号 / 本白色（3865）…少量
装饰串珠 / 浅紫色（α–9045）…5 颗、浅绿色（α–9101）…12 颗
作品 42 CÉBÉLIA 30 号 / 本白色（3865）…少量
冲压串珠 / 浅紫色（α–6192）…10 颗、特小串珠 / 白色（122）…8 颗
作品 43 CÉBÉLIA 30 号 / 白色（B5200）…少量
装饰串珠 / 紫色（α–9066）…6 颗、复古串珠（小圆）/ 红色（A–771）…16 颗
作品 44 CÉBÉLIA 30 号 / 白色（B5200）…少量
装饰串珠 / 浅粉色（α–9125）…8 颗、浅粉色（α–9045）…7 颗

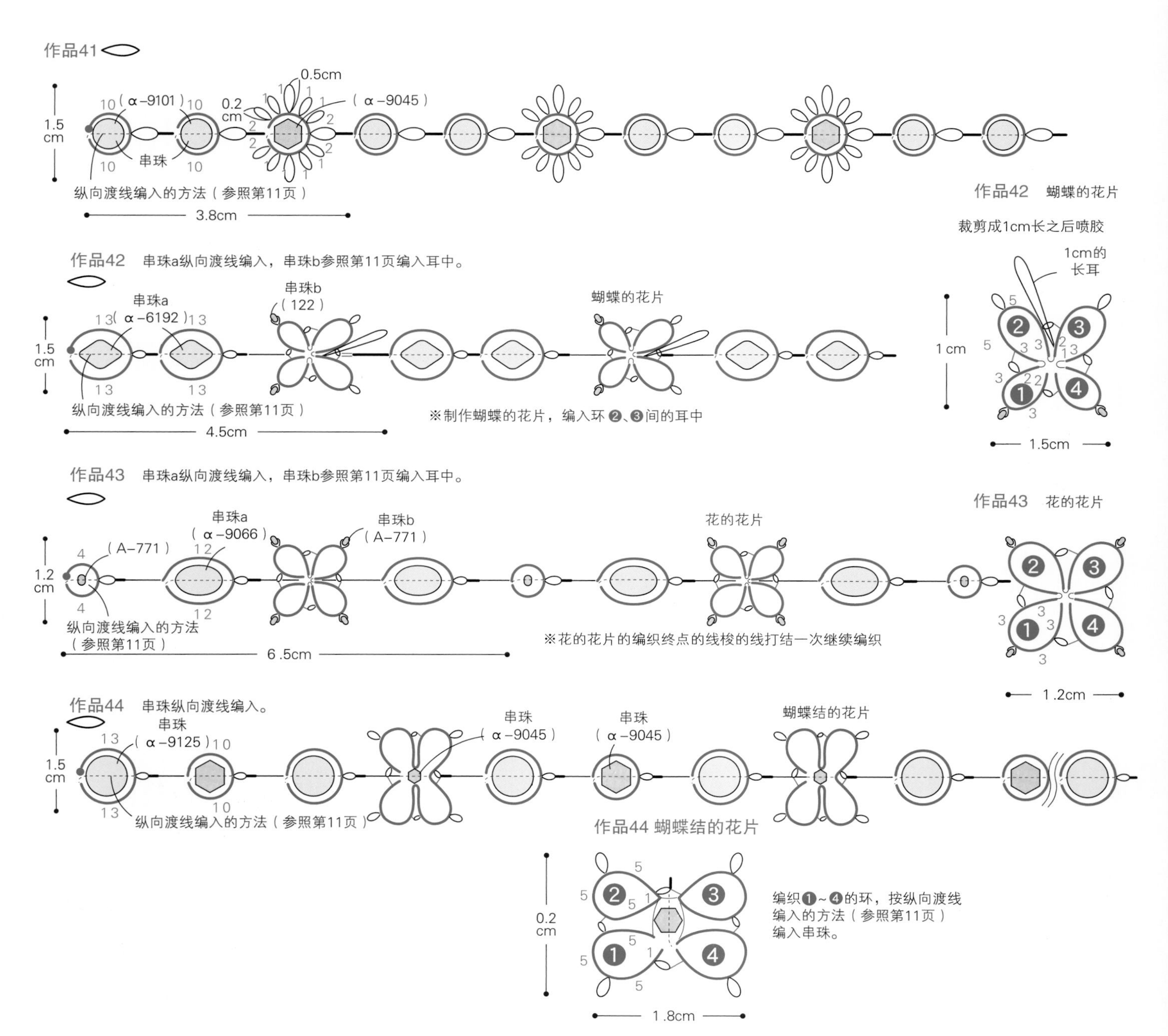

作品45　耳环　作品46　装饰链

图…第25页

制作方法要点

（作品 45　耳环）编织 2 片花片，穿入耳环五金。

（作品 46　装饰链）按第 26 页的作品 41 的相同编织方法编织 2 条，编织终点 2 根线头打结，线头穿过环。

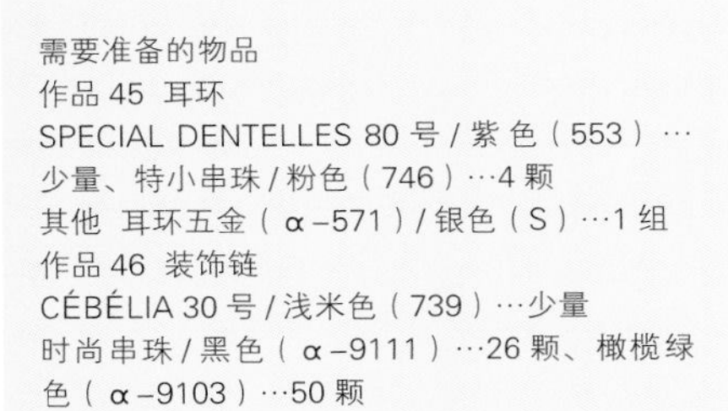

需要准备的物品

作品 45　耳环

SPECIAL DENTELLES 80 号 / 紫色（553）…少量、特小串珠 / 粉色（746）…4 颗

其他　耳环五金（α–571）/ 银色（S）…1 组

作品 46　装饰链

CÉBÉLIA 30 号 / 浅米色（739）…少量

时尚串珠 / 黑色（α–9111）…26 颗、橄榄绿色（α–9103）…50 颗

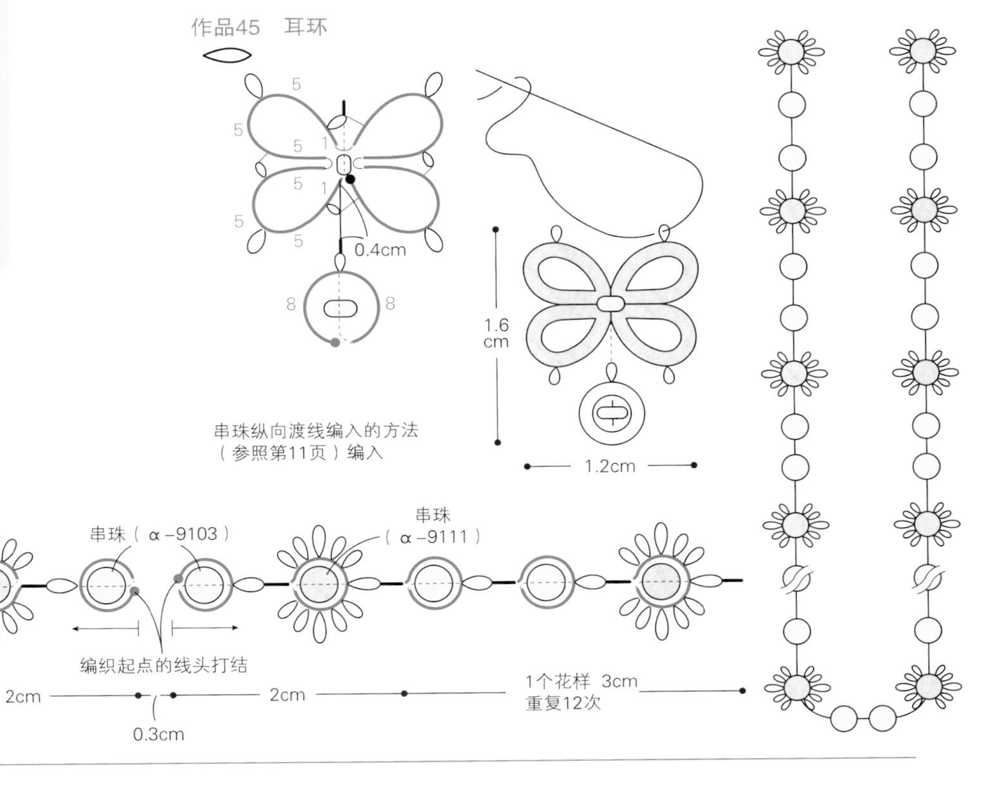

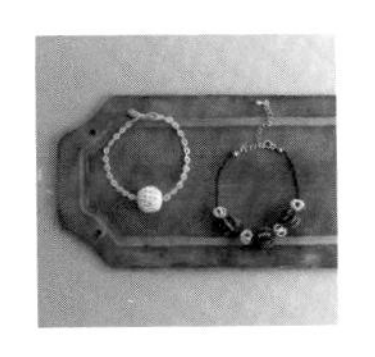

作品63、64　手链

图…第33页

需要准备的物品

作品 63　手链

（装饰结）CÉBÉLIA 30 号 / 浅米色（ECRU）…少量、小圆串珠 / 米色（103）…48 颗

（链条）Diamant/ 亮银色（D168）…少量

作品 64　手链

（装饰结 a）Diamant/ 亮银色（D168）…少量

（装饰结 b）CÉBÉLIA 30 号 / 深蓝色（823）…少量

特小串珠 / 蓝色（2102）…120 颗

（链条）CÉBÉLIA 30 号 / 黑色（310）…少量

其他　调节挂钩（α–620）/ 亚光银色（MS）…1 组

制作方法要点

（作品 64 装饰链）

装饰结 a 按与第 35 页作品 60 相同的编织方法共编织 4 个。

装饰结 b 按与第 35 页作品 57 相同的编织方法，2 个串珠为 1 组编入耳中，来回在串珠之间用线梭连接。共编织 3 个。

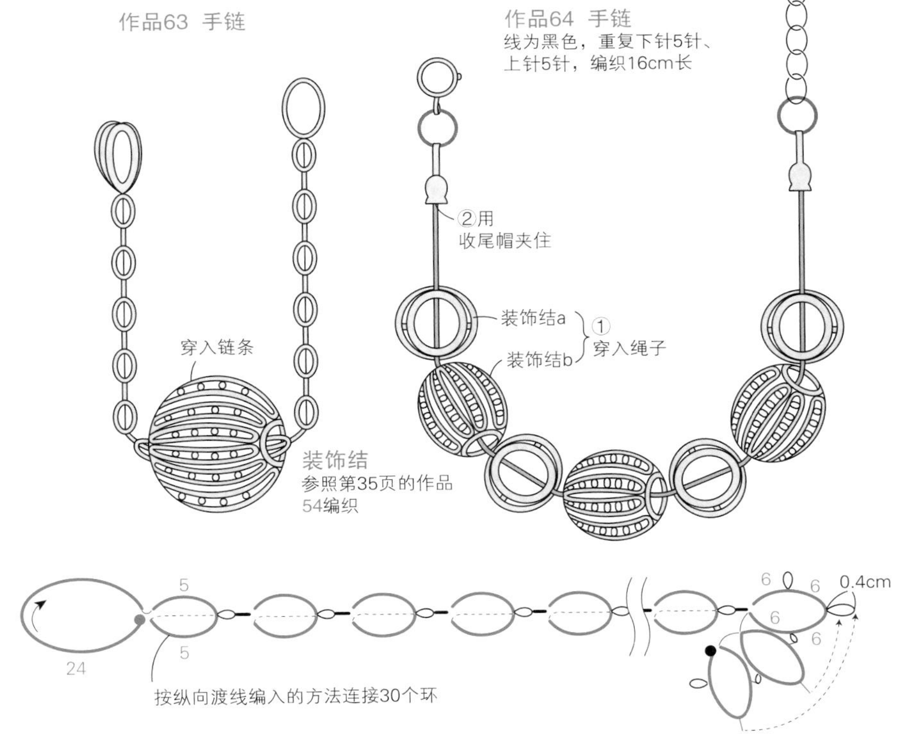

英文字母装饰

串珠组成的精美英文字母饰物“A~Z”。

47

编织方法　A～J…第30页，K～T…第31页，U～Z…第61页

重点教程　第58、59页（B、I）

徽章

将自己喜欢的词语装饰在手袋上，
形成自然的装饰效果。

48

编织方法　第61页

49

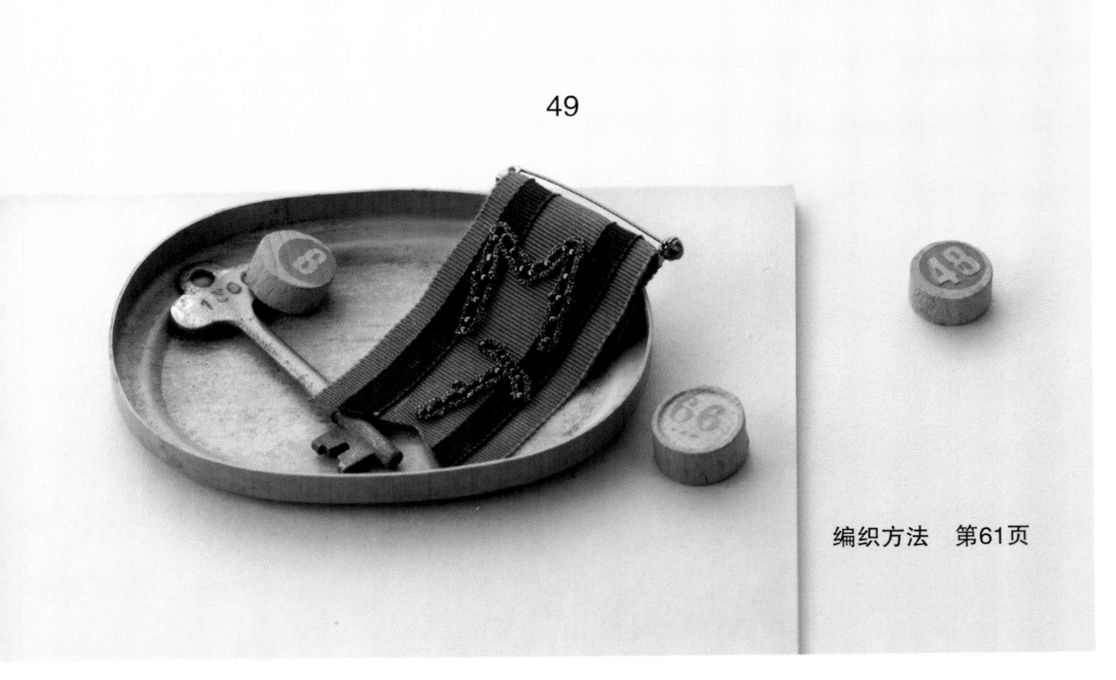

编织方法　第61页

胸针

在宽大的胸针上加入代表姓名的字母
装饰。

英文字母A、B、C、D、E、F、G、H、I、J

图…第28页 重点教程…第58、59页

需要准备的物品
（通用）Diamnt/ 粉色（D316）…少量
（通用）Takumi LH 小圆串珠 / 银色（PF21）
A…18 颗 B…26 颗 C…19 颗 D…24 颗
E…23 颗 F…18 颗 G…24 颗
H…22 颗 I…13 颗 J…14 颗
其他 / 蕾丝针 12 号

制作方法要点
准备线梭 a、线梭 b，编入串珠，交替编织左右的桥（参照第 58、59 页）。

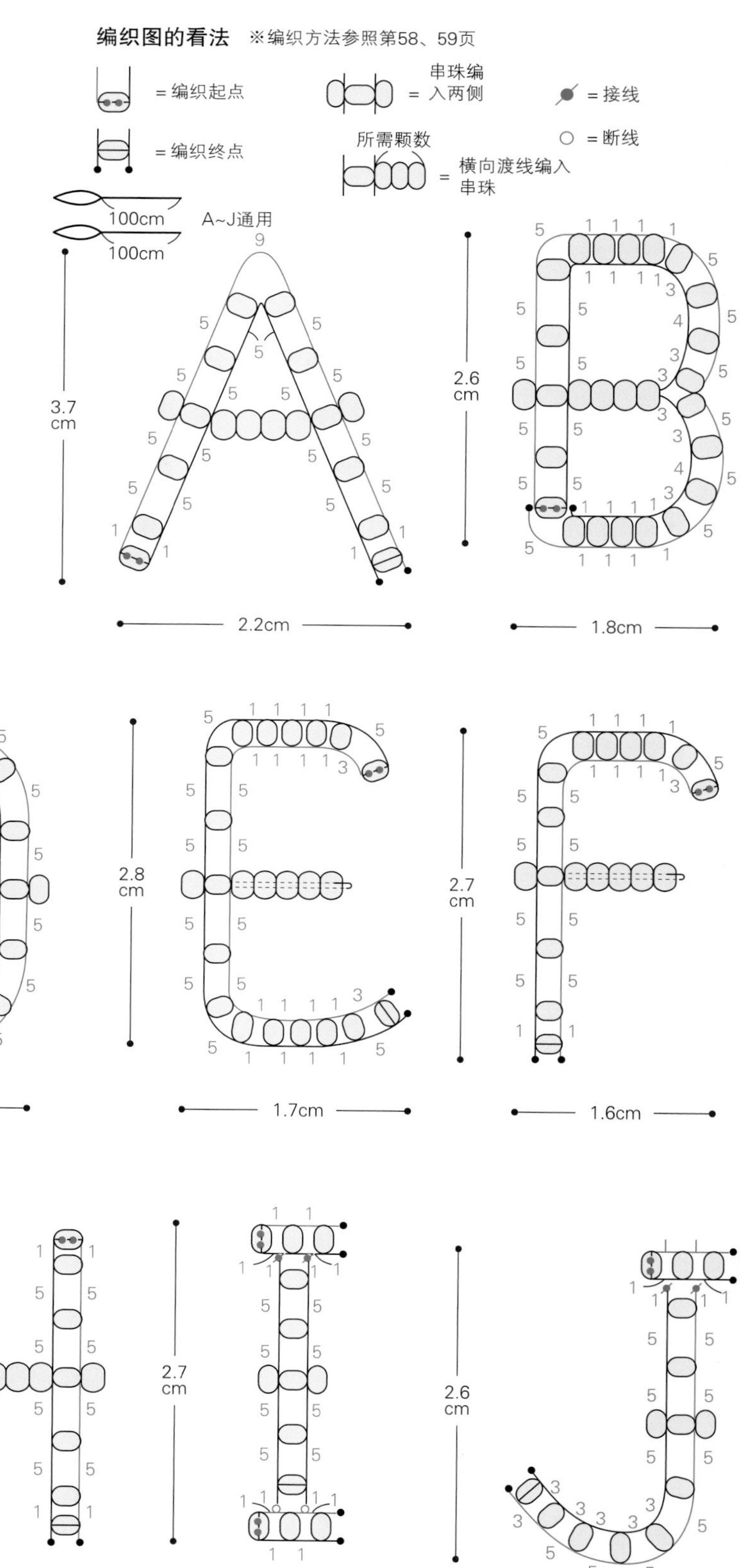

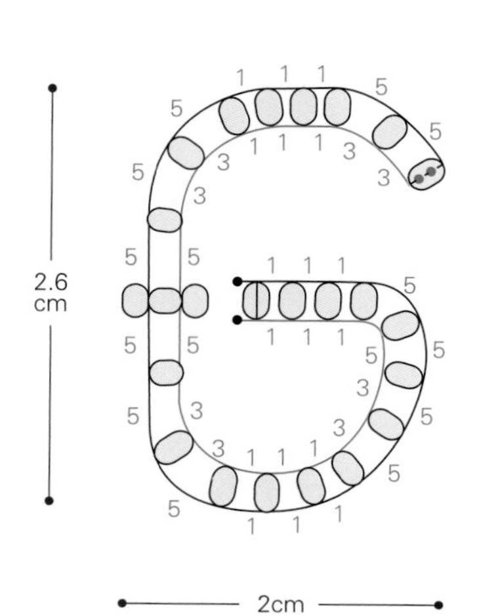

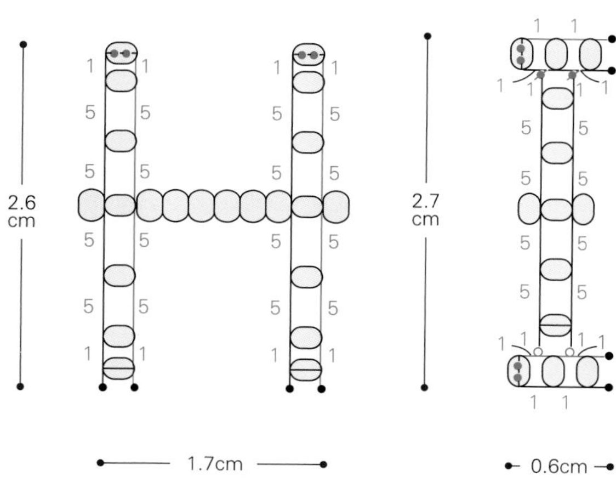

英文字母K、L、M、N、O、P、Q、R、S、T

图…第28页 重点教程…第58、59页

需要准备的物品

（通用）Diamnt/ 粉色（D316）…少量

（通用）Takumi LH 小圆串珠 / 银色（PF21）

K…17 颗 L…14 颗 M…22 颗 N…21 颗 O…22 颗 P…19 颗

Q…26 颗 R…23 颗 S…22 颗 T…15 颗

其他 / 蕾丝针 12 号

制作方法要点

准备线梭 a、线梭 b，编入串珠，交替编织左右的桥（参照第 58、59 页）。

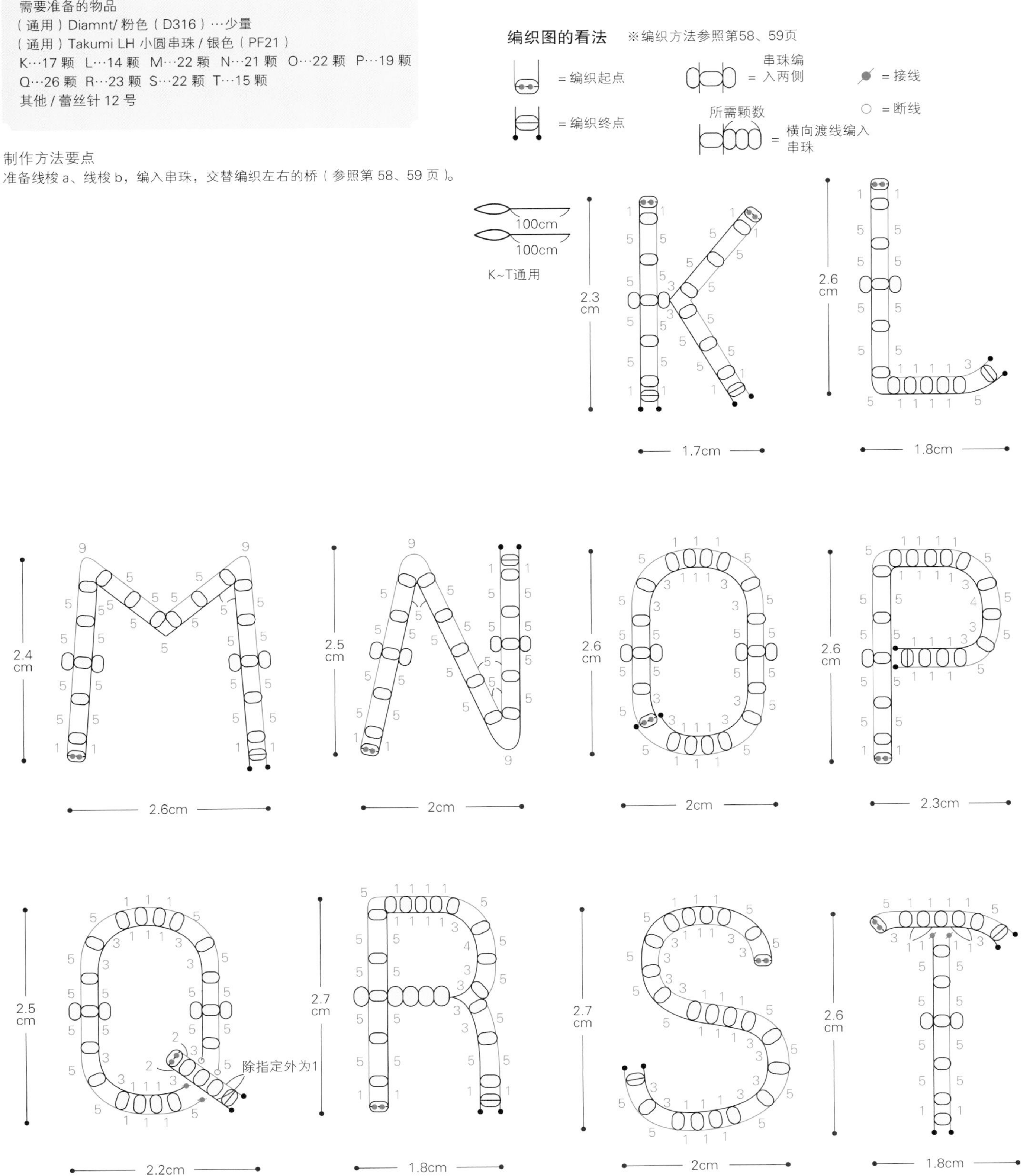

锯齿边手链

各种别致的花片拼接成锯齿边，首尾用串珠连接，形成了这几款有层次感的手链。

作品 50 爱心和三叶草手链

作品 51 星星手链

作品 52 花朵手链

作品 53 花朵手链

编织方法　第34页

球形花片

像海洋生物一样的球形花片，大小不一。

编织方法　第35页
重点教程　第12页

手链

手链是单一花样的轻便款式，可穿入各种华丽的花片。

作品63…（见作品54）
作品64…（见作品57）+（见作品60）

编织方法　第27页

作品50、51、52、53　锯齿边手链

图…第32页

需要准备的物品
作品 50　CÉBÉLIA 30 号 / 鲑鱼粉色（352）…1g
珍珠 3mm…1 颗
作品 51　CÉBÉLIA 30 号 / 浅鲑鱼粉色（754）…1g
珍珠 3mm…1 颗
作品 52　CÉBÉLIA 30 号 / 灰米色（842）…1g
特小串珠 / 粉色（779）…52 颗、珍珠 3mm…1 颗
作品 53　CÉBÉLIA 30 号 / 本白色（712）…1g
珍珠 3mm…1 颗

作品50　按❶~㉑的顺序编织连接

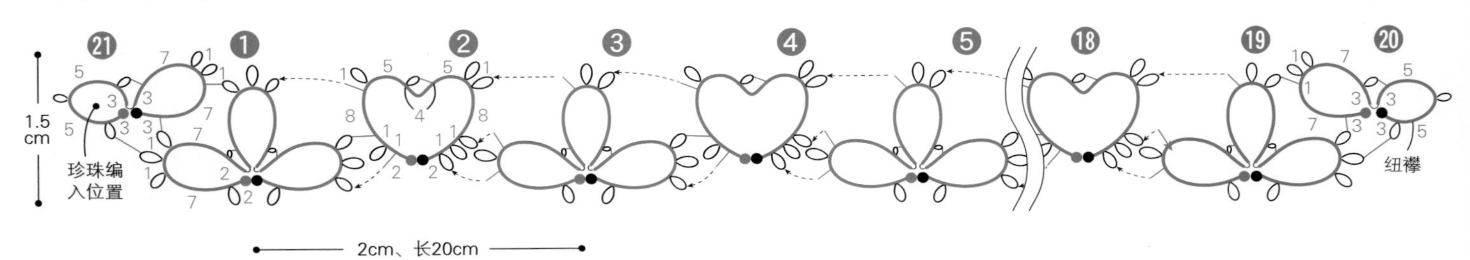

作品51　按❶~⓮的顺序编织连接

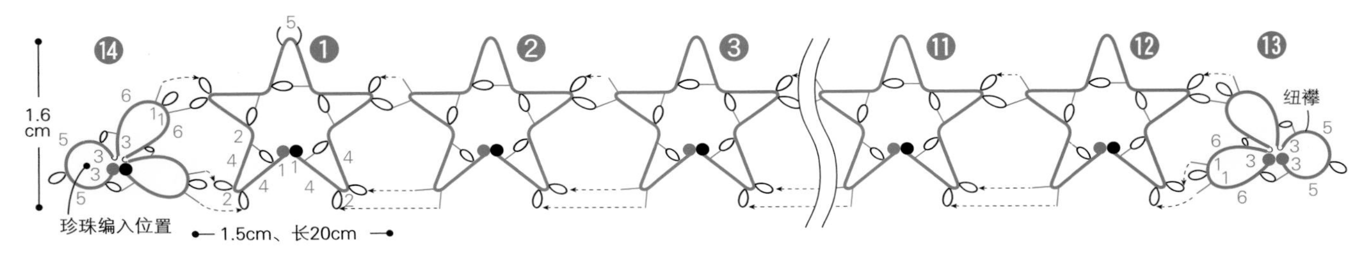

作品52　按❶~⓯的顺序编织拼接

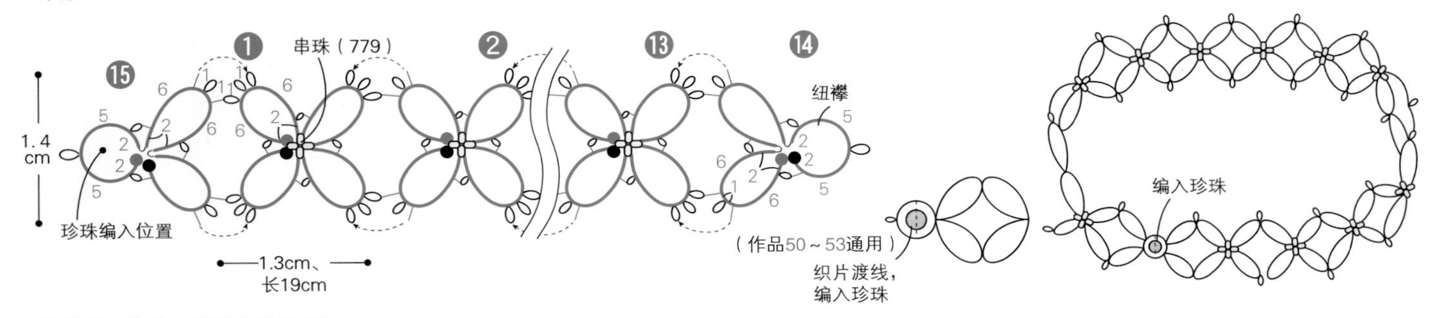

作品53　按❶~⓯的顺序编织连接

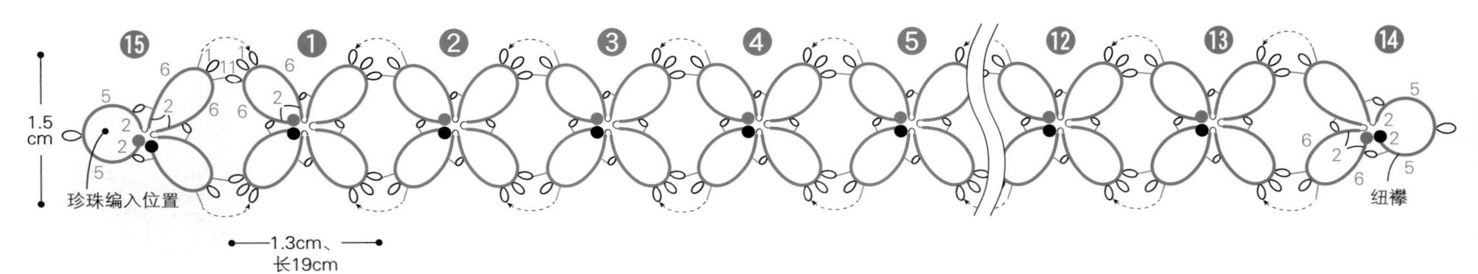

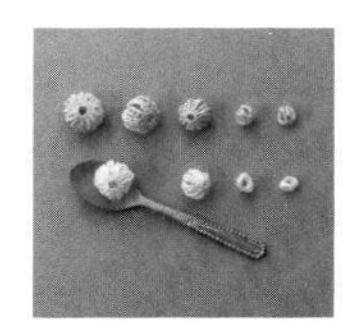

作品54、55、56、57、58、59、60、61、62　球形花片

图…第33页
重点教程…第12页

需要准备的物品

作品 54　CÉBÉLIA 30 号 / 浅米色（ECRU）…少量
小圆串珠 / 米色（103）…48 颗
作品 56　CÉBÉLIA 30 号 / 浅米色（ECRU）…少量
小圆串珠 / 米色（103）…24 颗
作品 57　CÉBÉLIA 30 号 / 浅米色（ECRU）…少量
小圆串珠 / 米色（103）…24 颗
作品 59　CÉBÉLIA 30 号 / 浅米色（ECRU）…少量
小圆串珠 / 米色（103）…12 颗
作品 61　CÉBÉLIA 30 号 / 浅米色（ECRU）…少量
小圆串珠 / 米色（103）…9 颗
作品 55、58、60、62　CEBELIA 30 号 / 白色（B5200）…少量

制作方法要点

（作品 54、56、57）
1　用 1 个线梭编织 2 个环。
2　之间的栓扣准备线梭和线团，串珠编入线团的线上。
3　参照第 12 页，环编织接合于栓扣，在指定的耳中编入串珠。
（作品 55、58）
1　用 1 个线梭编织 2 个环。
2　之间的栓扣准备线梭 + 线结，参照第 12 页，环编织接合于栓扣。
（作品 59、61）
1　准备 1 个线梭，串珠卷入线梭中，编入耳中。
2　环的顶部在穿入长环饰的串珠之间做耳的连接。

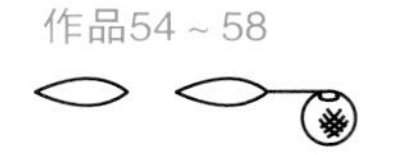

作品57、58的编织方法

作品58不编入串珠
作品57在桥的耳中编入串珠

环 b
环a
桥编织接合于环，编织整圈

作品54、55、56的编织方法

作品55不编入串珠
作品54在桥的耳中编入串珠
作品56在隔1个桥的耳中编入串珠

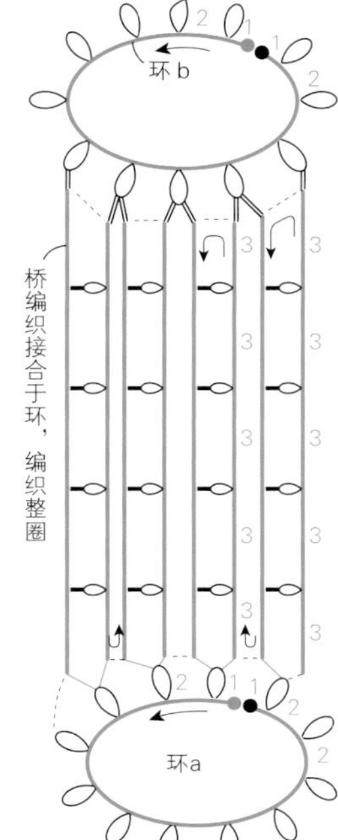

作品60、61的编织方法

作品60不编入串珠
作品61在长耳中编入
3颗串珠，耳与环之间
逐个编入串珠

1 ~ 1.2cm
编织终点穿
入串珠打结

作品59、62的编织方法

作品62不编入串珠
作品59在长耳中编入4颗
串珠，耳与环之间逐个编
入串珠

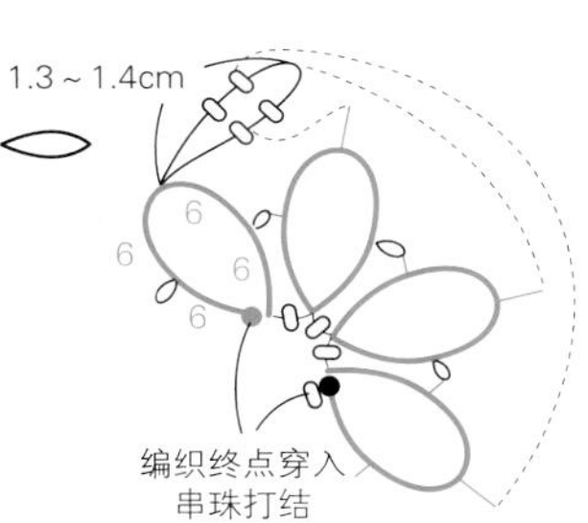

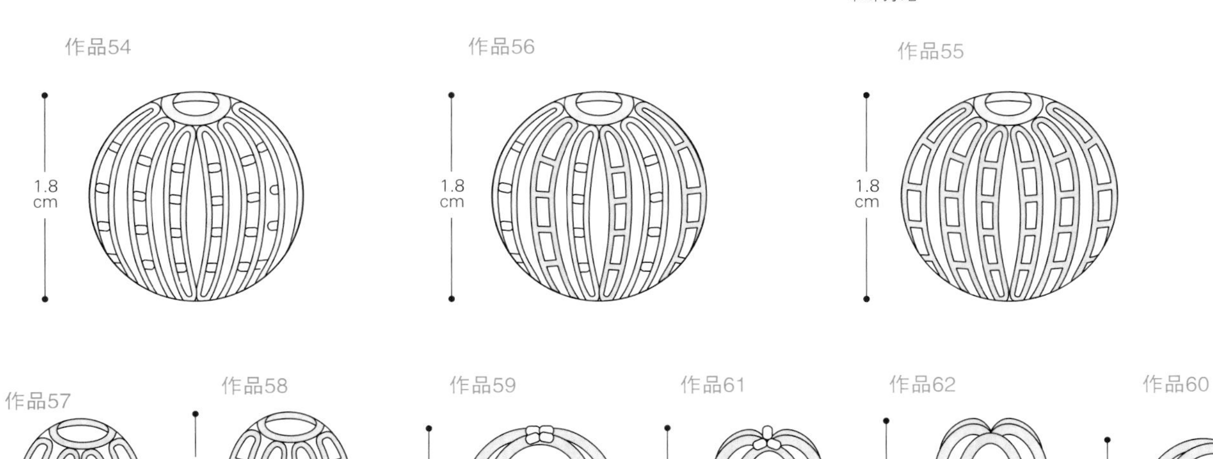

作品57　1.4 cm
作品58　1.4 cm

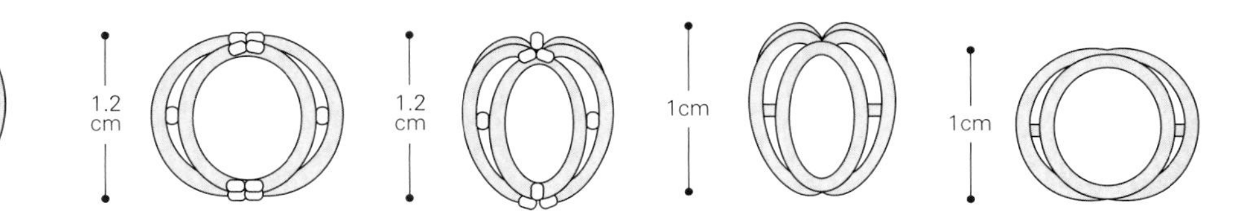

几何花片链条

由○、△、□形状的几何花片连接而成的三色链条。
思考配色也是乐趣之一。

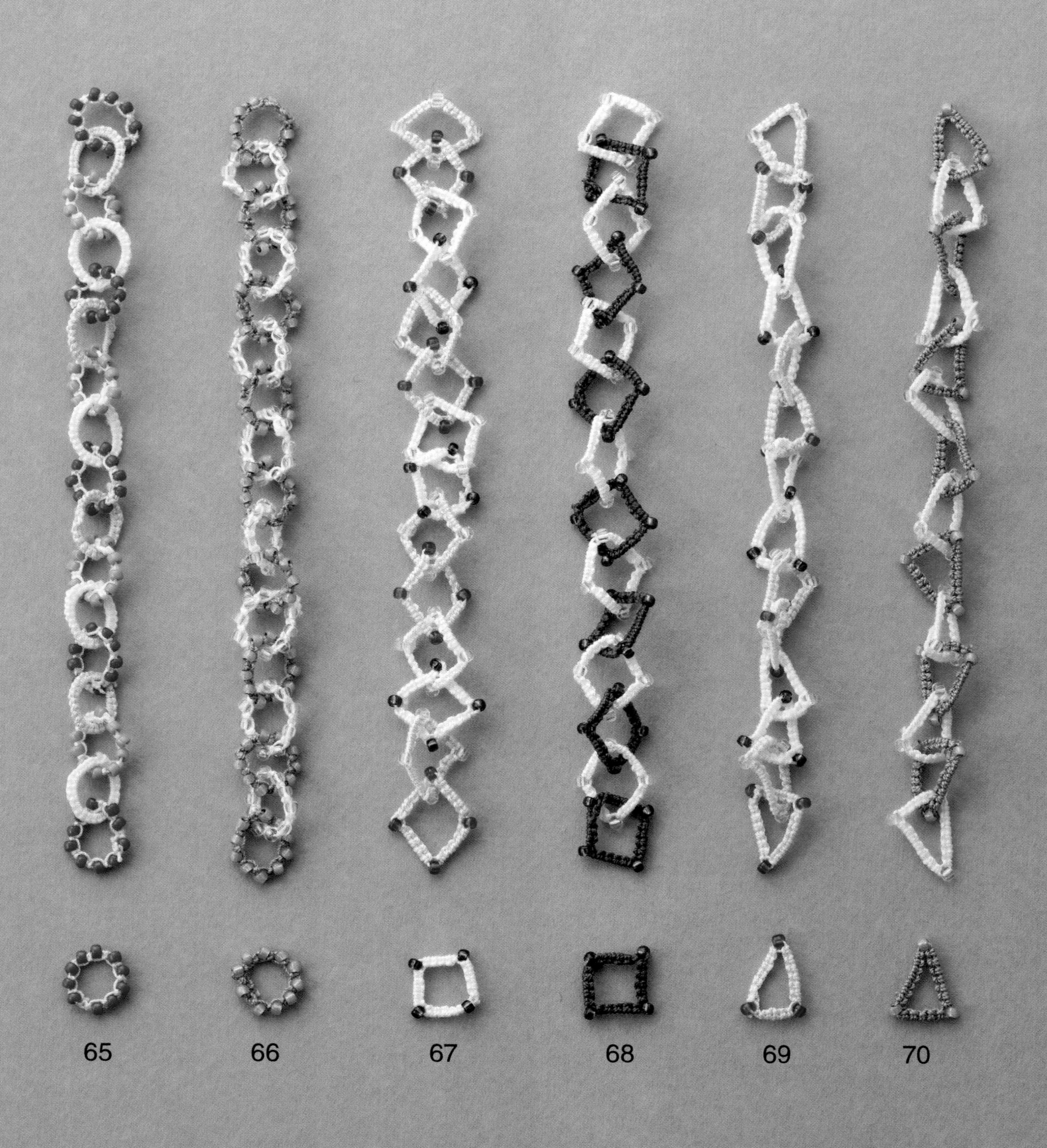

65　66　67　68　69　70

编织方法　第38页
重点教程　第11页(作品65)

手链、耳钉

有趣的花片组合，制作成轻便的日常饰物。

作品71、72 三角形花片的组合…（见作品70）
作品73、74 圆形花片的组合…（见作品65）

三角形花片的组合

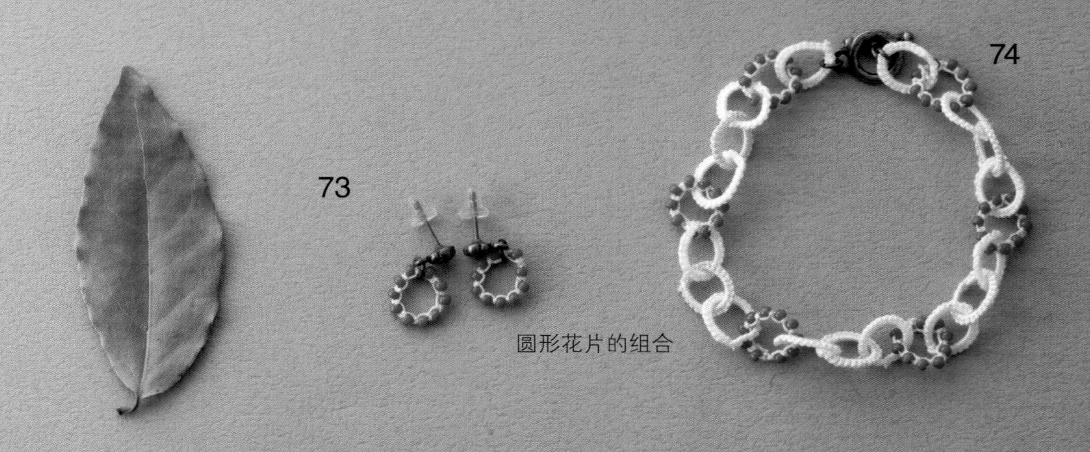

圆形花片的组合

编织方法　第39页

作品65、66、67、68、69、70　几何花片的环

图…第36页　重点教程…第11页

需要准备的物品

作品 65 CÉBÉLIA 30 号 / 本白色（712）、白色（BLANC）…各少量
小圆串珠 / 浅蓝色（43）…40 颗、红色（45A）…50 颗
作品 66 CÉBÉLIA 30 号 / 白色（BLANC）、蓝色（799）…各少量
小圆串珠 / 透明（1）…80 颗、特小串珠 / 蓝色（2102）…90 颗
作品 67 CÉBÉLIA 30 号 / 白色（BLANC）、本色（712）…各少量
小圆串珠 / 红色（5）…16 颗、透明（1）…28 颗　小圆串珠 / 藏青色（28）…12 颗
作品 68 CÉBÉLIA 30 号 / 白色（BLANC）、蓝色（797）…各少量
小圆串珠 / 透明（1）、小圆串珠 / 深蓝色（2102）…各 28 颗
作品 69 CÉBÉLIA 30 号 / 白色（BLANC）、本白色（712）…各少量
小圆串珠 / 红色（5）…12 颗、透明（1）…1 颗、小圆串珠 / 藏青色（28）…9 颗
作品 70 CÉBÉLIA 30 号 / 白色（BLANC）、蓝色（799）…各少量
小圆串珠 / 透明（1）、小圆串珠 / 蓝色（2102）…各 21 颗

制作方法要点　※ 各环通用

1 线梭绕线编织，从线头开始 40cm 左右穿入回形针之后开始编织。编入串珠的环在线梭中卷入串珠，串珠编入芯线。
2 按照编织图上的针数编织整圈，编织终点留约 7cm 长后剪断线头。松开回形针，参照第 9 页线头打结处理。编入串珠的环 A 回形针朝右，不编入串珠的环 B 左手拿着，并处理线头。元宝结的头部 A 为内侧，B 为外侧。
3 第 2 个环编织整圈，穿入第 1 个环，线头打结处理。

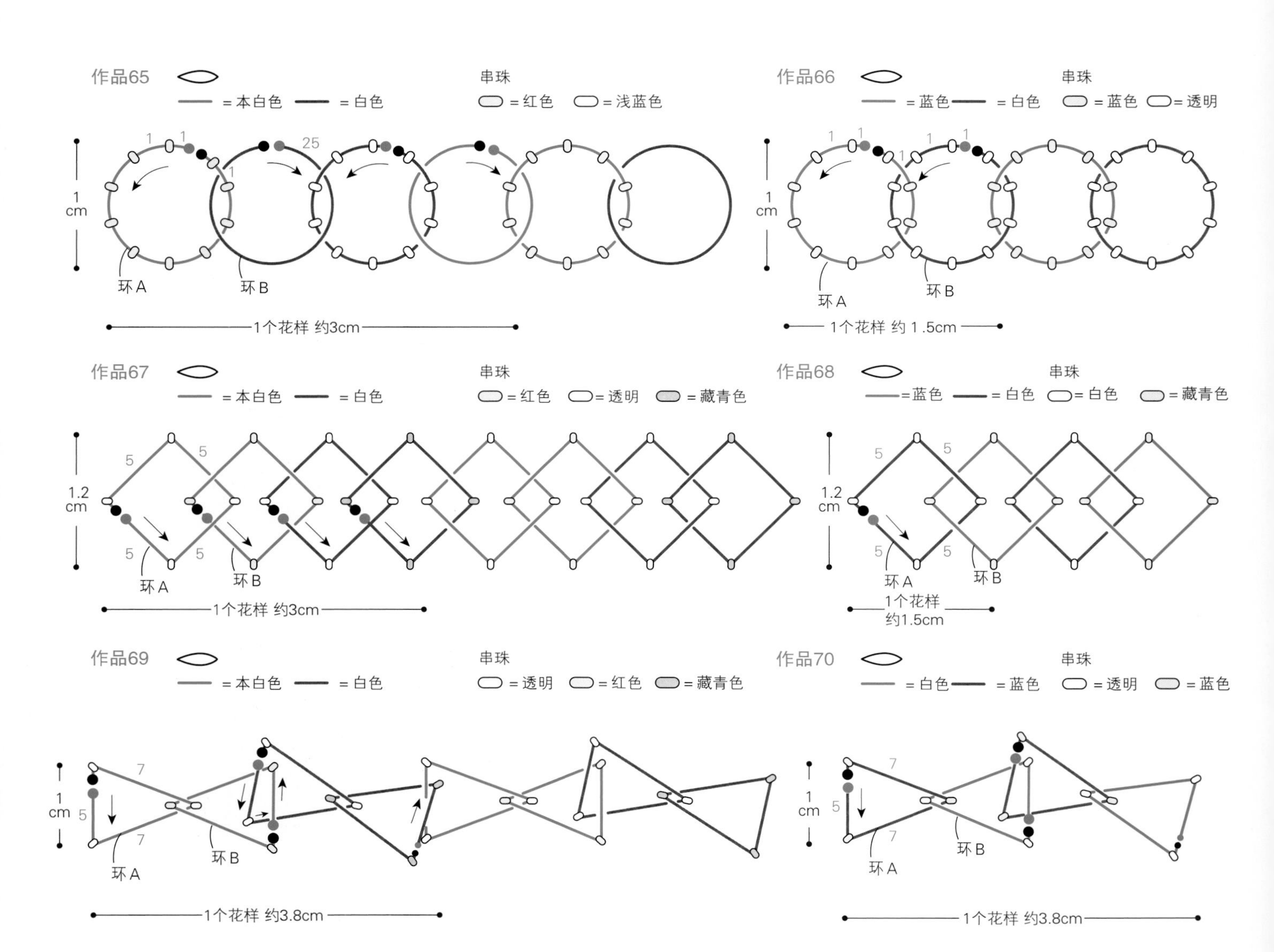

三角形花片的组合　圆形花片的组合

图…第37页

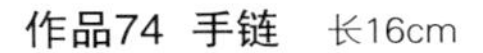

需要准备的物品

作品 71 手链
CÉBÉLIA 30 号 / 深蓝色（797）、酒红色（816）…各少量、小圆串珠 / 红色（5）…27 颗、深蓝色（28）…30 颗
其他　调节挂钩（α-620）/ 古金色（GF）…1 套

作品 72 耳钉
CÉBÉLIA 30 号 / 深蓝色（797）、红色（816）…各少量、小圆串珠 / 红色（5）…12 颗
其他　耳钉五金（α-4271）/ 古金色（GF）…1 套

作品 73 耳钉
CÉBÉLIA 30 号 / 本色（712）…少量
小圆串珠 / 红色（45）…20 颗
其他　耳钉五金（α-4271）/ 古金色（GF）…1 套

作品 74 手链
CÉBÉLIA 30 号 / 白色（BLANC）、本白色（712）…各少量、小圆串珠 / 红色（45）…60 颗
其他　耳钉五金（α-561）/ 古金色（GF）…1 套

制作方法要点

（三角形花片的组合）
手链、耳钉参照第 38 页的作品 69 编织。
（圆形花片的组合）
手链、耳钉参照第 38 页的作品 65 编织。

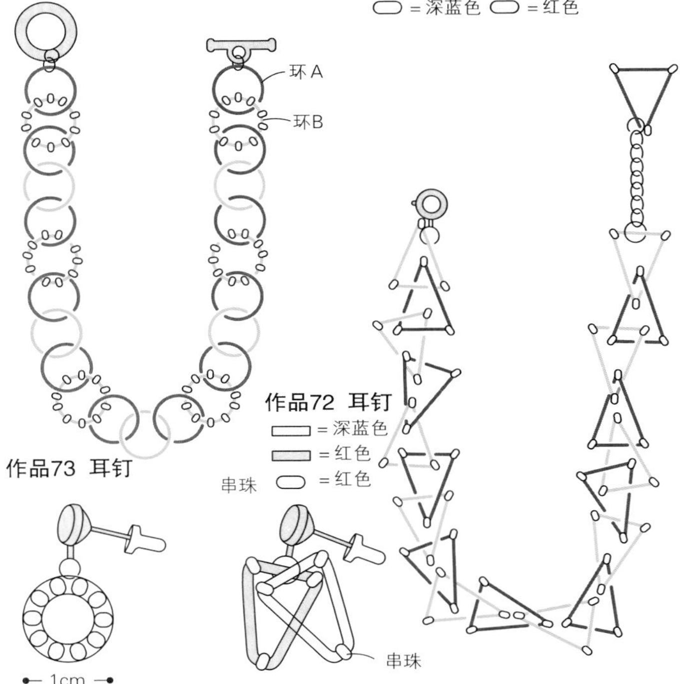

 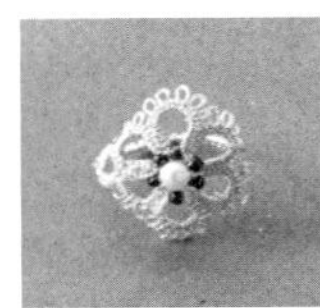

作品80、82　花式戒指

图…第41页
重点教程…第10页

需要准备的物品

作品 80
Diamant/ 亮银色（D168）…少量
珍珠（4mm）/ 半珠（201）…1 颗、小圆串珠 / 紫色（503）…6 颗

作品 82
Diamant/ 金色（D3852）…少量

制作方法要点

（作品 80）
先编织中央的花片。对照手指尺寸编织成环和花片连接。
（作品 82）
按❶～㉒的顺序编织。⑬的★记号处和❷的★记号处的耳连接。

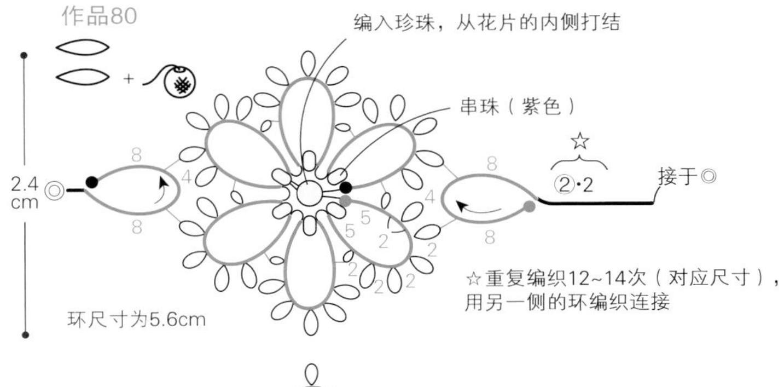

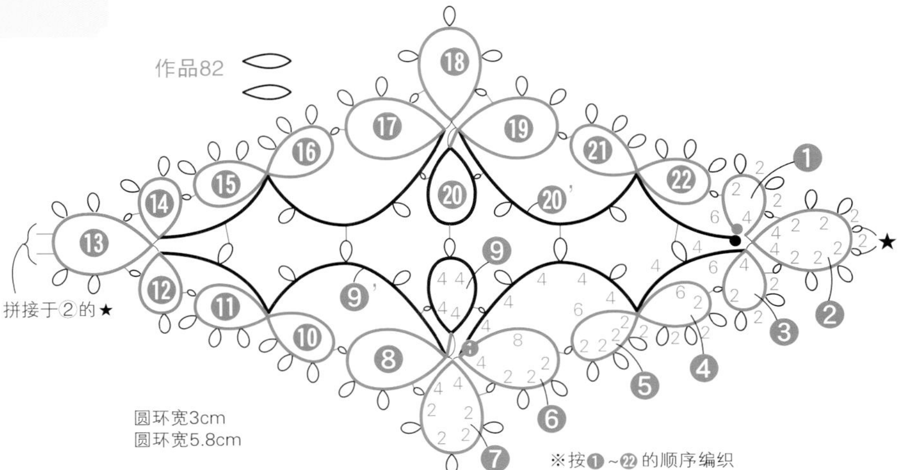

花式戒指

五彩缤纷的精美戒指，今天选哪款呢？

编织方法　第42页

简直就是珠宝店的展示柜。
可用作日常装饰，也可用来搭配礼服。

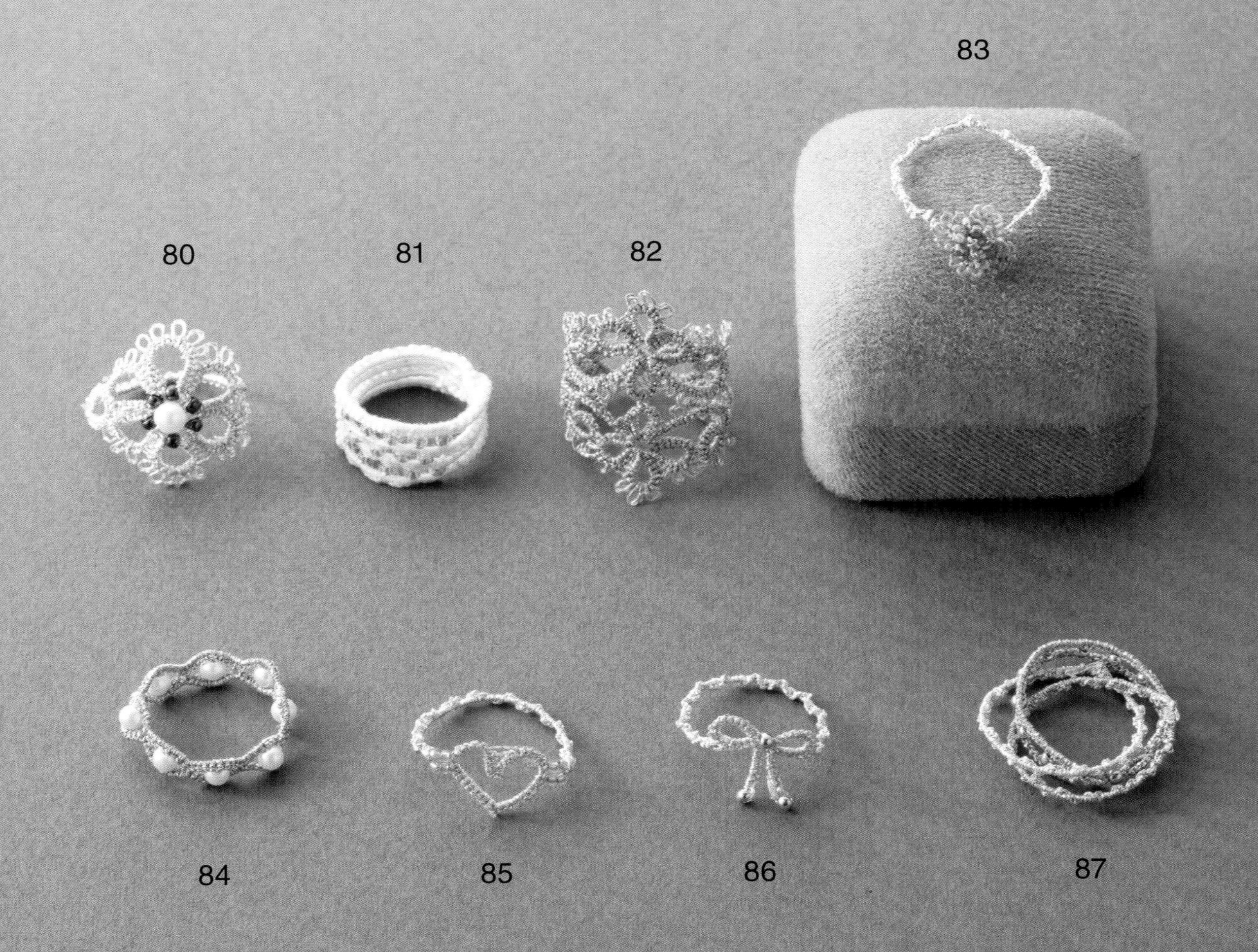

编织方法　作品80、82…第39页，作品81、83～87…第43页
重点教程　第10页(作品80)、第11页(作品85)、第13页（作品84）

作品75、76、77、78、79　花式戒指

图…第40页

需要准备的物品

作品 75 CÉBÉLIA 30 号 / 浅蓝色（800）…少量
特小串珠 / 金色（712F）、紫色（928）…各 20 颗
作品 76 Diamant/ 玫瑰红色（D301）…少量
切珠 / 绿色（CR939）、特小串珠 / 透明（262）…各 8 颗；小圆串珠 / 金色（712）…16 颗
作品 77 CÉBÉLIA 30 号 / 酒红色（816）…少量
圆小串珠 / 金色（557）…36 颗
作品 78 SPECIAL DENTELLES 80 号 / 紫色（553）…少量
装饰串珠 / 紫色（α－9046）…8 颗，特小串珠 / 玫瑰红色（221）…48 颗
作品 79 CÉBÉLIA 30 号 / 粉色（3326）…少量

制作方法要点

（作品 75、77）编织完成❶的环之后，织片翻到反面编织❷的环，织片翻面（❸的环和织片翻面）之后继续编织。编织偶数号的环时，看着上针开始编织，1 针上针、1 针下针计为 1 个元宝结。

（作品 76）“编织❶的环之后织片翻面，编织桥、❷的环。织片翻面，编织❷的桥、❸的桥”。重复“”内的操作，编织 8 个花样。

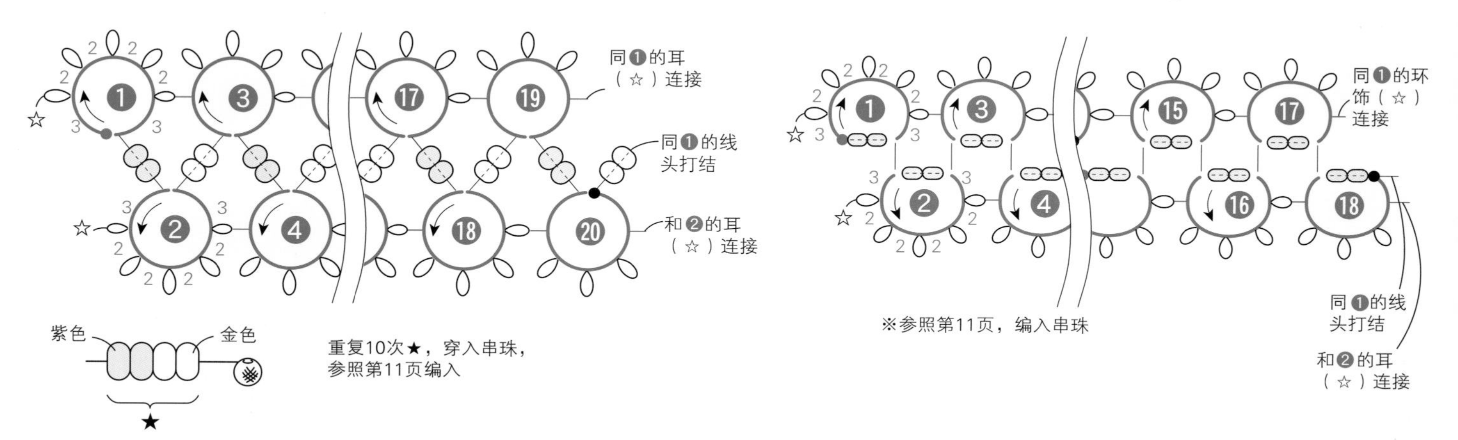

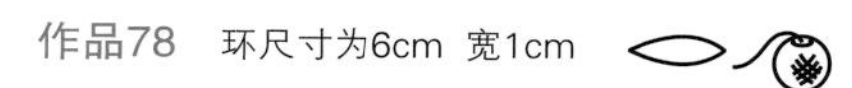

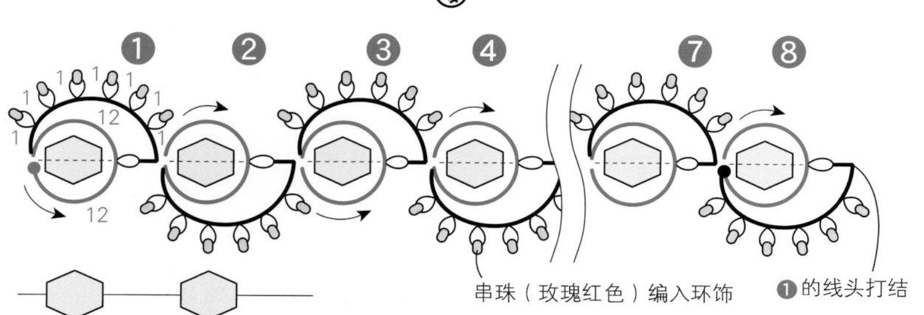

作品79

缠绕A，用线梭的线和线团的线夹住打结

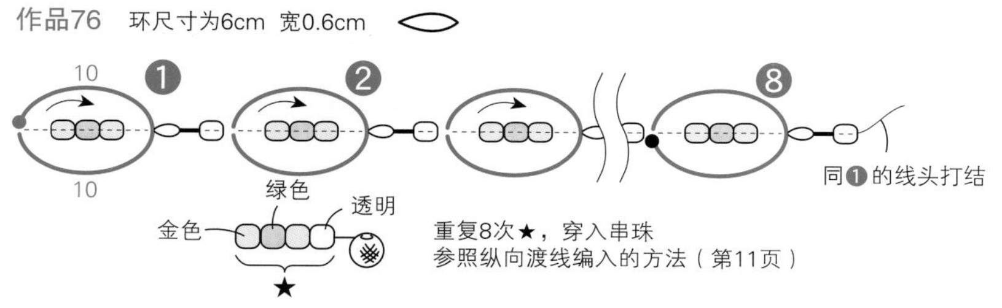

作品81、83、84、85、86、87 花式戒指

图…第41页

需要准备的物品

作品 81 CÉBÉLIA 30 号 / 象牙白色（746）…少量，小圆串珠 / 金色（701）…14 颗
作品 83 SPECIAL DENTELLES 80 号 / 紫色（52）、Diamant/ 亮银色（D168）…各少量
作品 84 Diamant/ 亮金色（D3821）…少量，珍珠（3mm）/ 半珠（201）…8 颗，串珠 / 金色（CR712）…1 颗
作品 85 Diamant/ 亮银色（D168）…少量、特小串珠 / 粉色（2107）…8 颗
作品 86 Diamant/ 亮银色（D168）…少量、串珠 / 金色（CR712）…3 颗
作品 87 Diamant/ 亮银色（D168）、亮金色（D3821）…各少量 串珠 / 金色（CR712）…11 颗

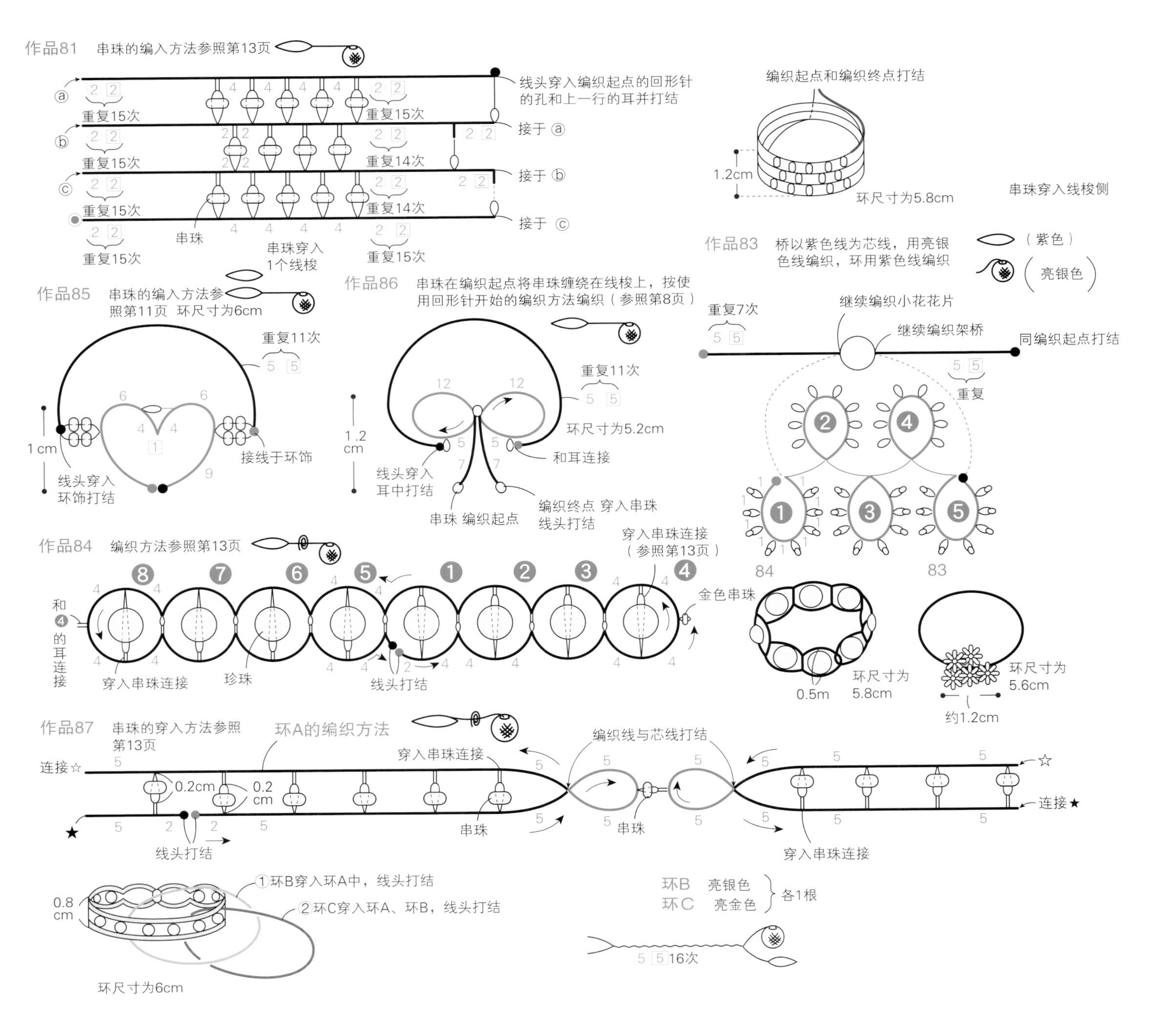

梭编花朵

多层重叠的长耳，构成各种立体感很强的花朵。
可根据用途使用花片的一部分，也可在花蕊中加入串珠，可尽情尝试各种创意搭配。

编织方法　作品88…第46页，作品89…第60页，作品90、90’、91…第47页
重点教程　第8页(作品89)

胸针、耳环

按行数配色的分层效果，更显花朵蓬松质感。
可在耳环的花蕊中添加串珠。

作品92 胸针…（见作品89）
作品93 耳环…（见作品90）

编织方法　作品92…第60页，作品93…第47页

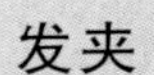

发夹

这些色调沉稳的发夹，
使用了同一种花片编织而成。

作品94…（见作品88）
作品95…（见作品90）

编织方法　作品94…第46页，作品95…第47页

梭编花朵 作品88 花片 作品94 发夹

图…第44、45页

需要准备的物品

作品 88 花片

CÉBÉLIA 30 号 / 白色（BLANC）…少量

作品 94 发夹

SPECIAL DENTELLES 80 号 / 橄榄黄色（783）…少量，Diamant/玫瑰红色（D140）…少量

发夹（9-19-4）/ 金色（G）…1 个，1cm 宽蒂罗尔缎带 / 深褐色…8cm

制作方法要点

（作品 88 花片）

1 立体花片用 2 个线梭和回形针开始编织。

2 编织中心的立体花片，准备线梭和线团，和花片的耳连接，编织 4 圈。

（作品 94 发夹）

※ 花片的编织方法参照作品 88

1 立体花片 2 片，编织花片 a。

2 蒂罗尔缎带用胶水粘在发夹上制作出基底，再粘上花片。

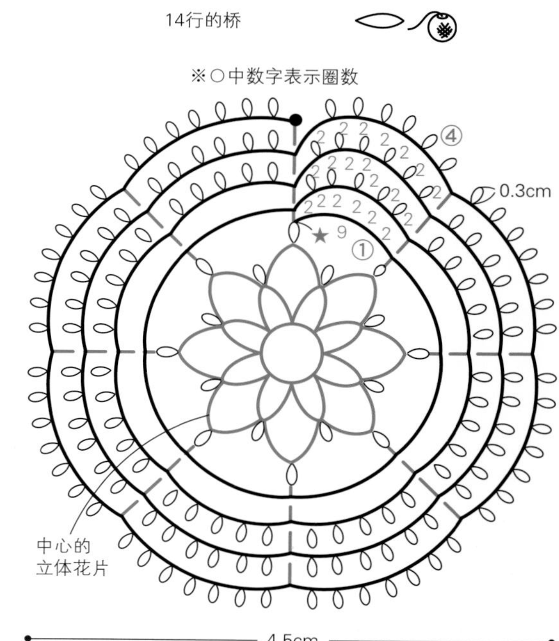

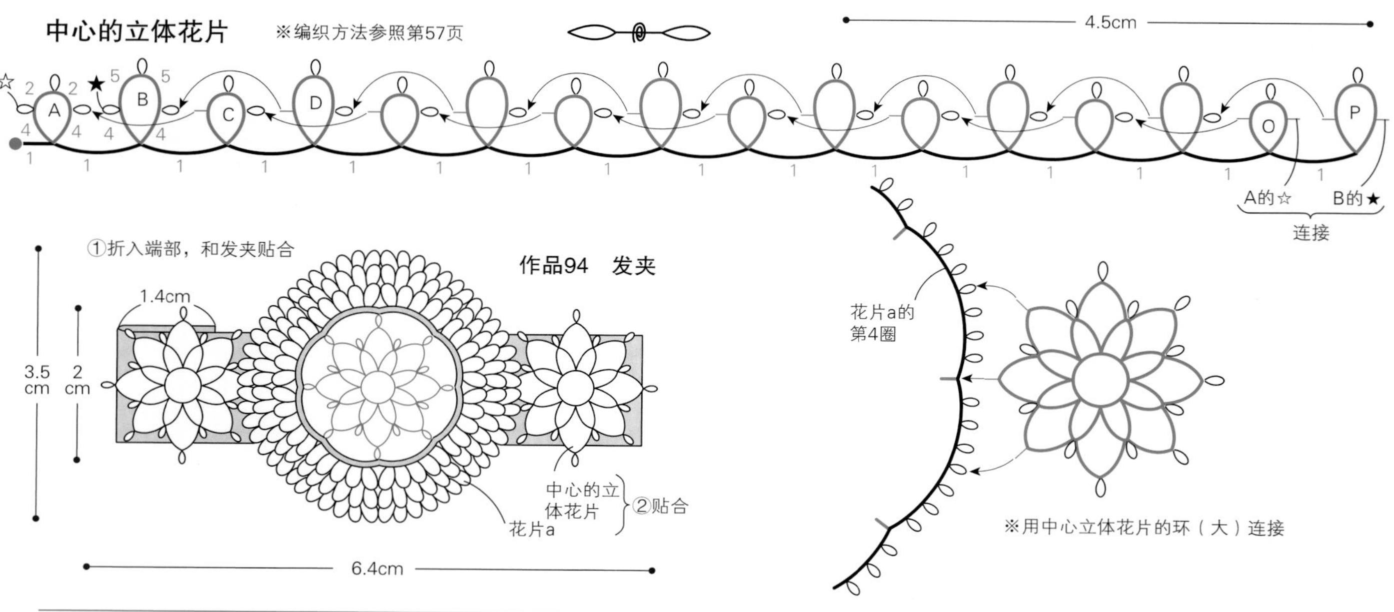

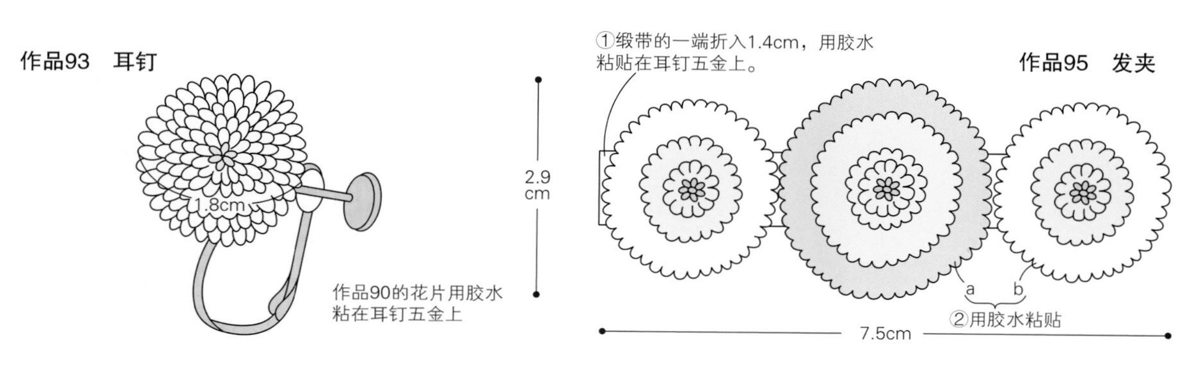

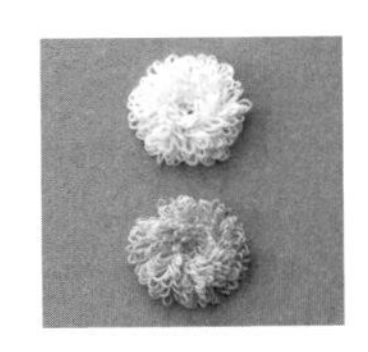

梭编花朵 作品90、90’、91 花片
作品93 耳钉 作品95 发夹

图…第44、45页

需要准备的物品
作品90 花片 CÉBÉLIA 30号 / 本白色（3865）…少量
作品90’花片 BABYLO 30号 / 粉色混纺（62）…少量
作品91 花片 CÉBÉLIA 30号 / 本白色（712）…少量
作品95 发夹 CÉBÉLIA 30号 / 褐色（434）、浅褐色（437）、米色（739）…各少量
切割串珠 / 玫瑰红色（CR221）…54颗
其他 发夹（9-19-5）/ 金色（G）…1个，宽1cm蒂罗尔缎带 / 深褐色…9.5cm
耳钉
SPECIAL DENTELLES 80号 / 粉色（760）、粉色（761）…各少量
小圆串珠 / 黄绿色（747）…12颗
其他 耳钉五金（α-545）/ 亚光金色（MG）…1套

制作方法要点
（作品90）准备线梭、线团，使用回形针开始编织。
（作品91）
1 准备线梭、线团，开始编织，第1圈编织环，第2、3圈编织一圈桥。
（作品93 耳钉）
1 参照发夹，穿入串珠，准备线梭、线团，参照c编织。
2 花片用胶水粘在耳钉用五金上。
※ 组合方法参照第46页的下方
（作品95 发夹）
1 串珠穿线，仅在线梭上绕线，在线团的线上绕上串珠。
2 参照花片c，编织花片a、b。
3 蒂罗尔缎带用胶水粘在发夹上，花片用胶水固定在蝴蝶结上。
※ 组合方法参照第46页的下方

作品90、90’ 花片

※耳均为0.4cm
※耳之间为1个元宝结
※耳和线梭拼接之间为1个元宝结

※○中数字表示圈数

2.8cm

※耳钉在第2圈的耳侧编入1颗串珠
※发夹在第2圈的耳侧编入3颗串珠

★ = 手工环饰

作品95发夹的配色

a		b	
第8～10圈	434	第6～8圈	739
第5～7圈	437	第4～5圈	437
第1～4圈	739	第1～3圈	434

编织作品的圈数

90、91’	发夹	耳钉
8圈	a = 10圈 b = 7圈	7圈

作品93耳钉的配色

第1、3、5、7圈	776	第2、4、6圈	604

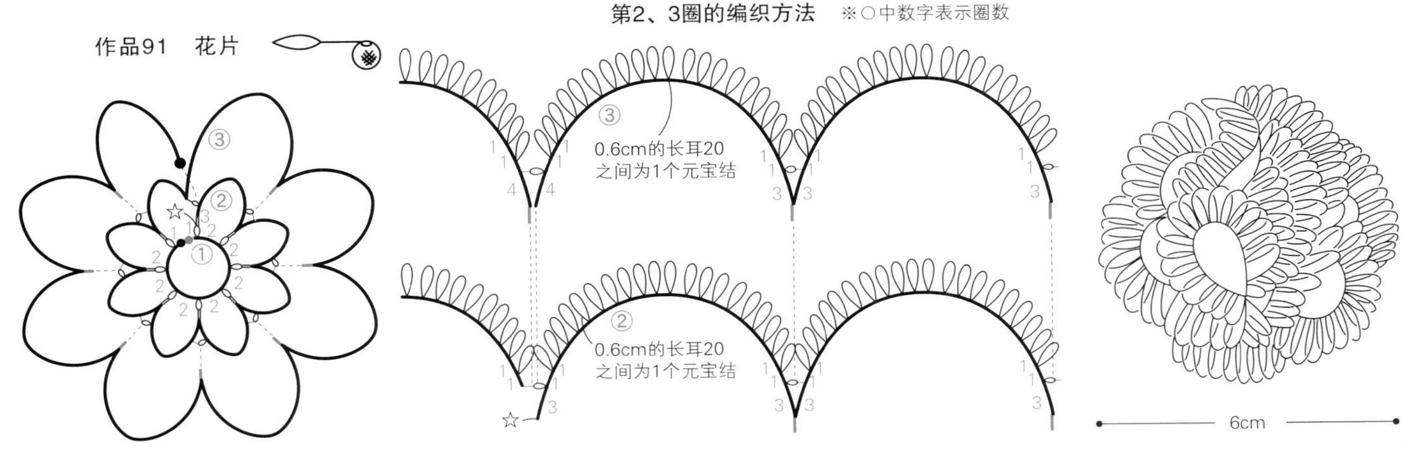

花朵胸针

纤细、精致的薄纱上搭配迷人的梭编花朵，做成了迷人的花朵胸针。
在特殊的日子佩戴一枚。

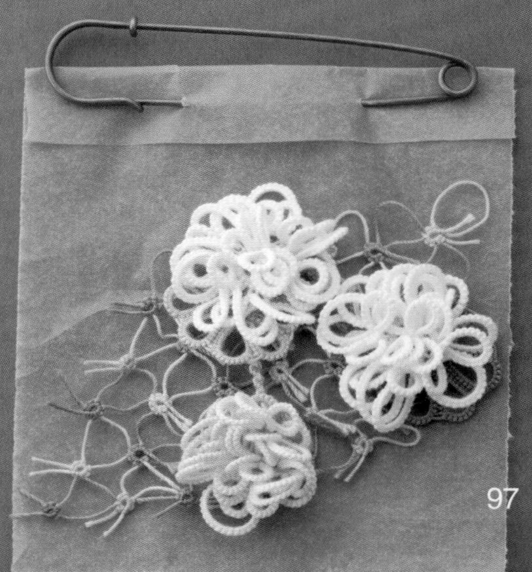

97 雪球花胸针

96 非洲菊胸针

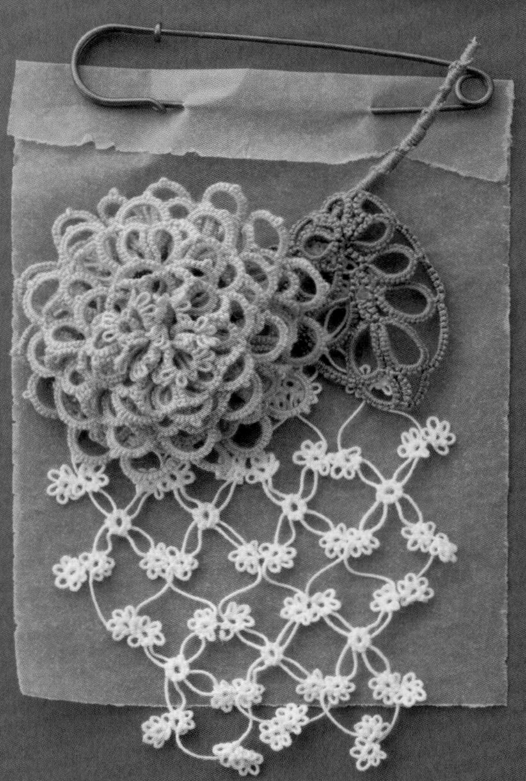

98 玫瑰胸针

编织方法　作品96…第22页，作品97、98…第50页，薄纱…第55页

重点教程　第12页(作品97)

纤细精致的花片连接而成的手工胸针，
也能作为一份很好的礼物。

100 三色堇胸针

99 吊钟花胸针

101 水仙胸针

编织方法　作品99…第22页，作品100、101…第51页

作品97　雪球花胸针

图…第48页

※薄纱的编织方法参照第55页

需要准备的物品

CÉBÉLIA 30号 / 本白色（3865）、本白色（746）、白色（BLANC）、橄榄绿色（3364）、浅粉色（754）…少量

其他　别针（9–11）/ 银色（S）…1个

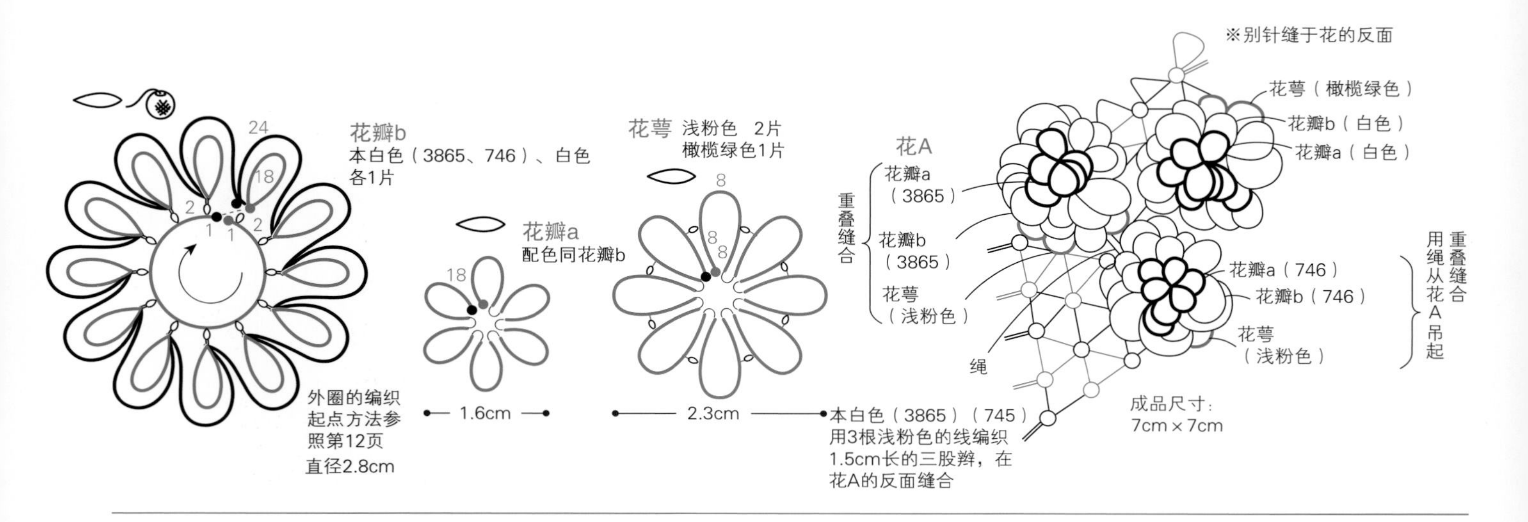

作品98　玫瑰胸针

图…第48页

※薄纱的编织方法参照第55页

需要准备的物品

CÉBÉLIA 30号/粉色（3326）…6g、深黄色（745）、橄榄绿色（3364）

BLANC（白色）…各少量

其他　别针（9–11）/ 银色（S）…1个

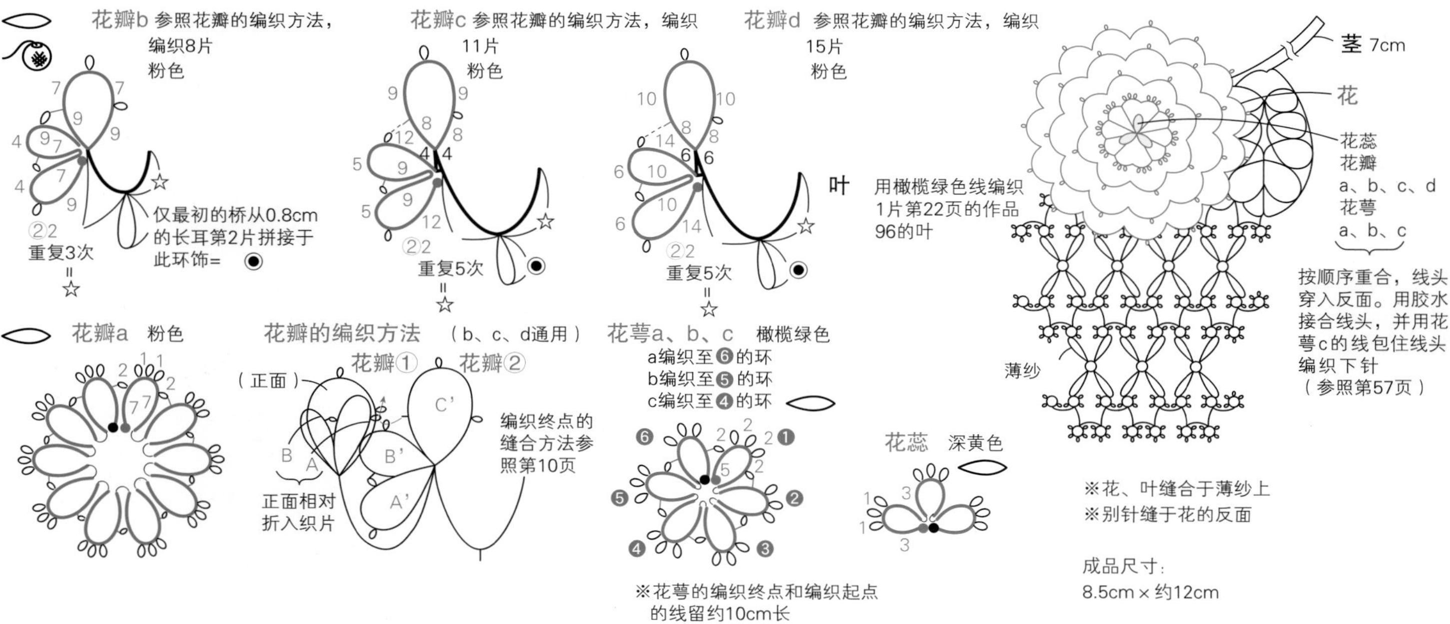

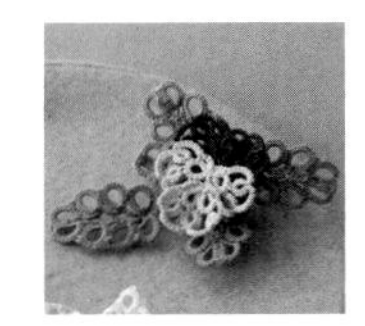

作品100　三色堇胸针

图…第49页

需要准备的物品
CÉBÉLIA 30 号 / 紫色（550）、浅紫色（211）、深黄色（726）、橄榄绿色（3364）、浅绿色（989）…各少量
其他　别针（9–11）/ 银色（S）…1 个

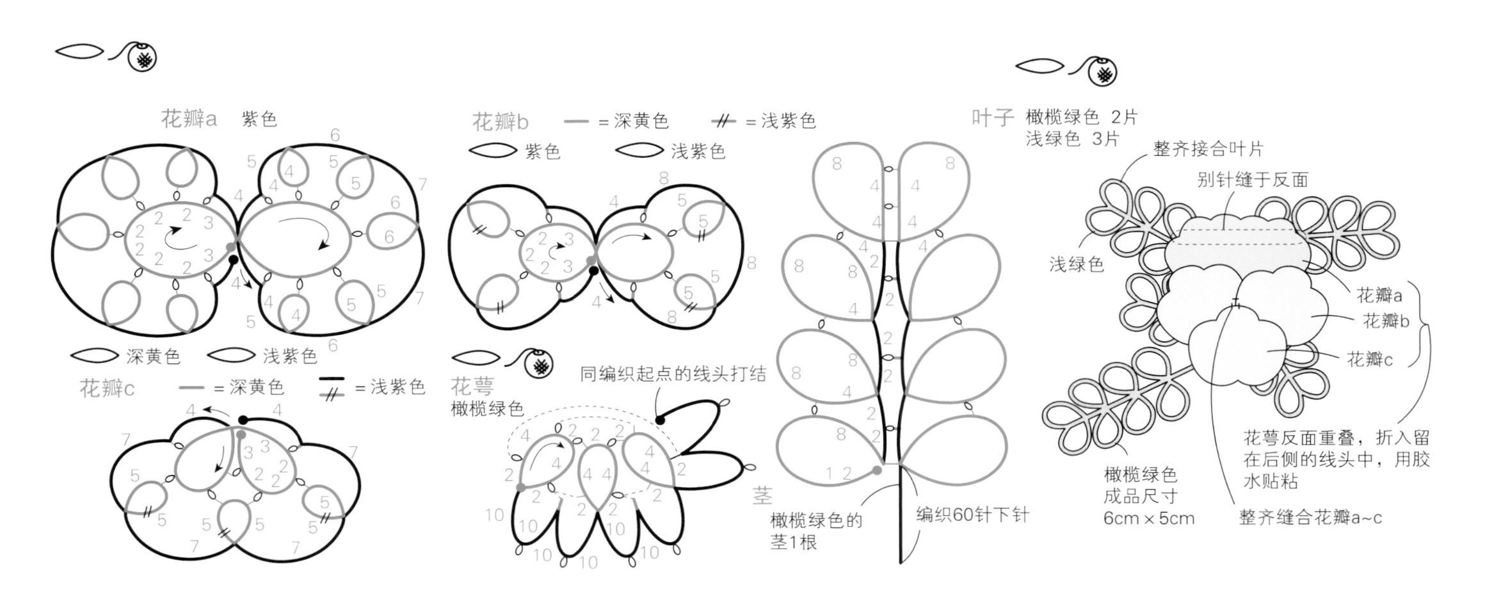

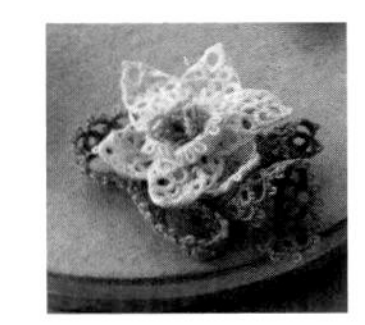

作品101　水仙胸针

图…第49页

需要准备的物品
CÉBÉLIA 30 号 / 黄色（745）、深黄色（726）、芥末黄色（3820）、浅绿色（989）、…少量
其他　别针（9–11）/ 银色（S）…1 个

蝴蝶结的针数表

圈数	针数
❶ ~ ❿	3
❿ ~ ㉑	5
㉑ ~ ㉛	6
㉛ ~ ㊶	5
㊶ ~ ㊿	3

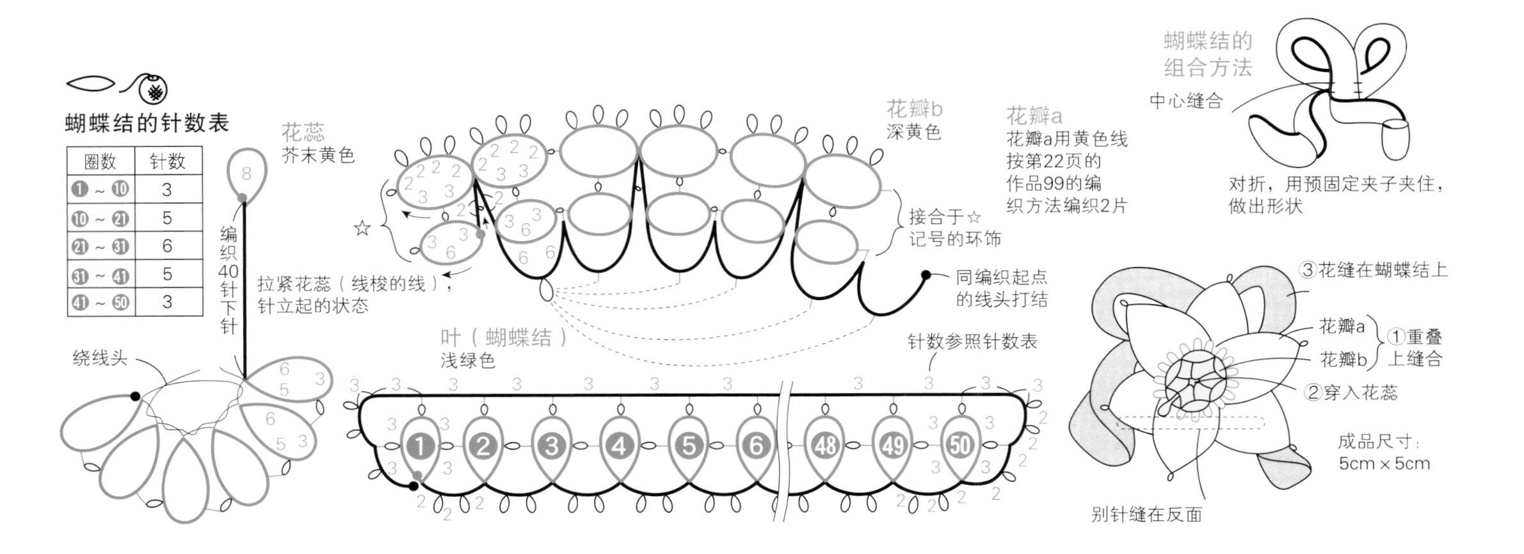

彩色头饰
发圈

现在介绍各种令人元气满满的彩色发圈。
作品102为若隐若现的心形。

编织方法　第54页
重点教程　第57页(作品103)

花朵发圈

将深浅不一的粉色花朵和蓝色花朵缝合在发圈上。

编织方法　第54页

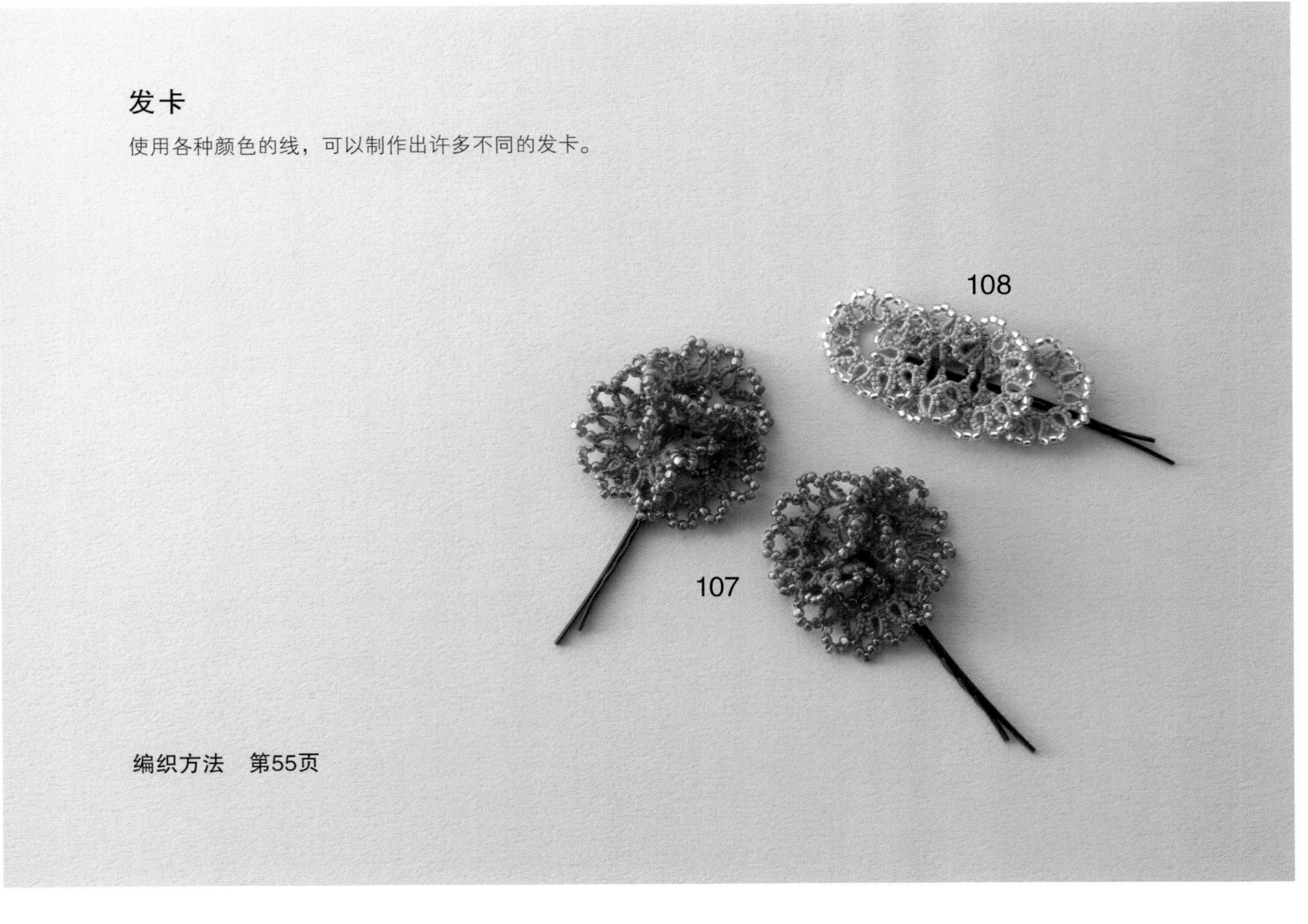

发卡

使用各种颜色的线，可以制作出许多不同的发卡。

编织方法　第55页

作品102、103、104　发圈

图…第52页

需要准备的物品

作品 102　25 号刺绣线 / 橙色混纺（4120）…4 束、红色（3801）…1 束
其他　发圈…1 个
作品 103　25 号刺绣线 / 浅蓝色（3760）…2 束、蓝色（3842）…1 束
特大串珠（4mm）/ 银色（21）…36 颗
其他　发圈…1 个
作品 104　25 号刺绣线 / 红色混纺（4200）…3 束、粉色（3706）、蓝色（3761）…各 1 束
其他　发圈…1 个

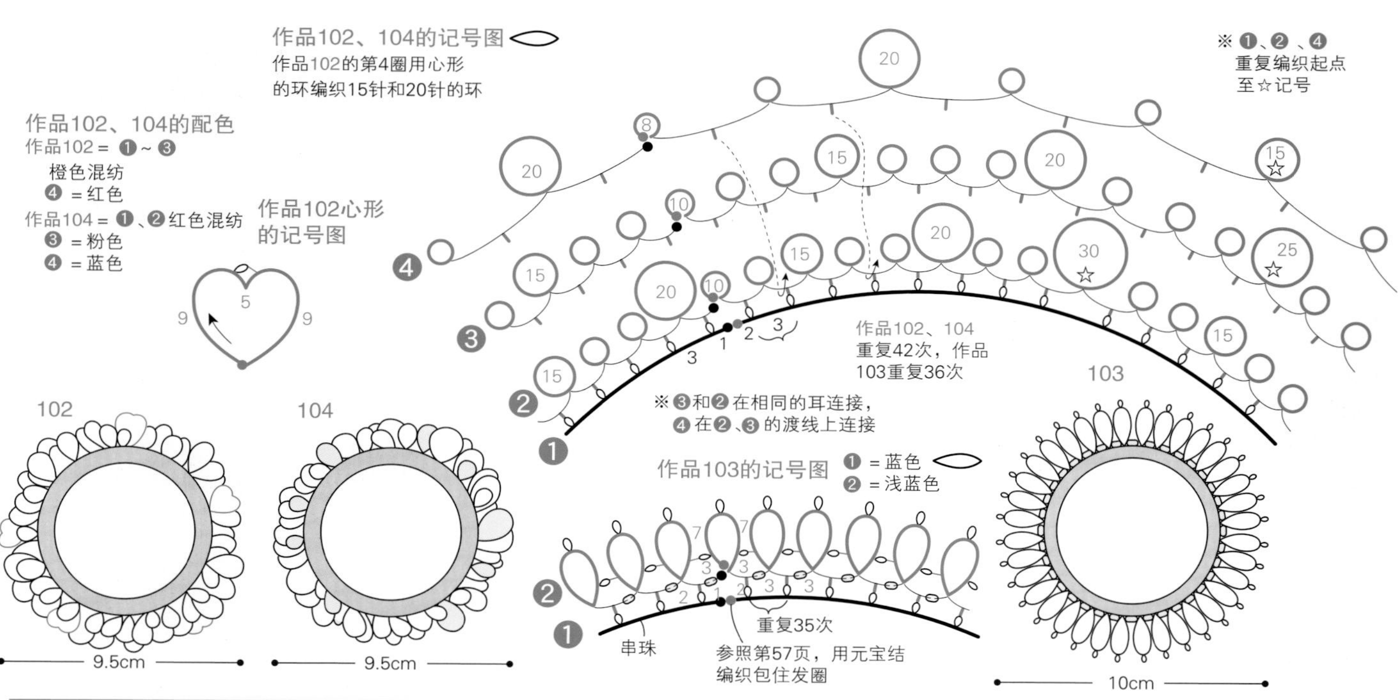

作品105、106　花朵发圈

图…第53页

需要准备的物品

作品 105　CÉBÉLIA 30 号 / 浅粉色（818）、粉色（3326）、浅绿色（989）…各少量
其他　发圈…1 个
作品 106　CÉBÉLIA 30 号 / 灰色（318）…少量　小圆串珠 / 蓝色（43）…144 颗
其他　发圈…1 个

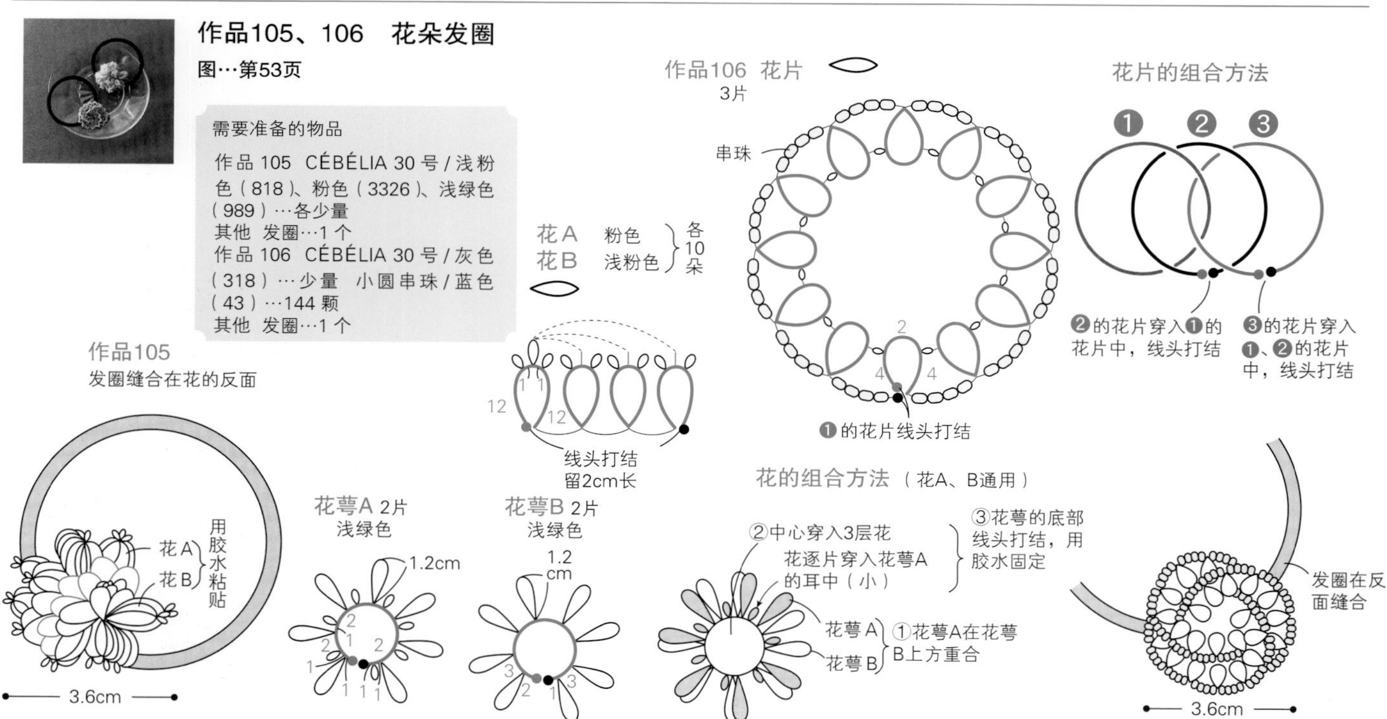

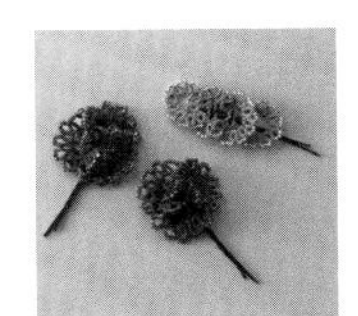

作品107、108　发卡

图…第53页

需要准备的物品

作品 107
CÉBÉLIA 30 号 / 酒红色（816）…少量
切珠 / 红色（CR332）…180 颗
其他　发卡…1 根
作品 108
CÉBÉLIA 30 号 / 灰色（318）…少量
Takumi TH 小圆串珠 / 粉色（2212）…96 颗
其他　发卡…1 根

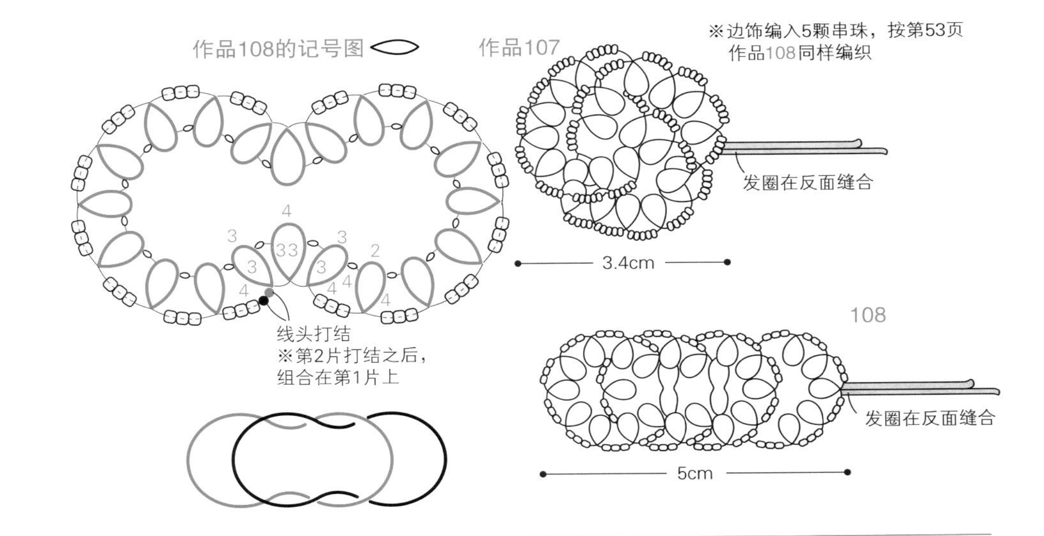

作品37、38　耳钉

图…第21页

需要准备的物品

作品 37 SPECIAL DENTELLES 80 号 / 本白色（ECRU）…少量
特小串珠 / 蓝色（2104）…12 颗
其他　耳钉金具（α–571）/ 银色（S）…1 组
作品 38 Diamant/ 白色（D5200）…少量
小圆串珠 / 蓝色（2104）…24 颗
其他　耳钉金具（α–571）/ 银色（S）…1 组

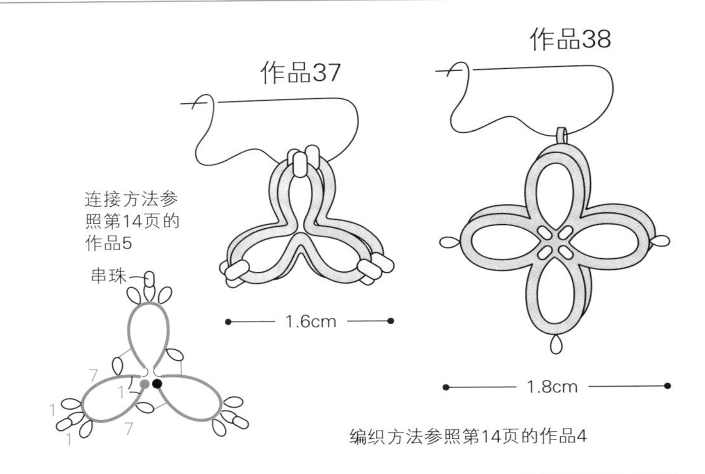

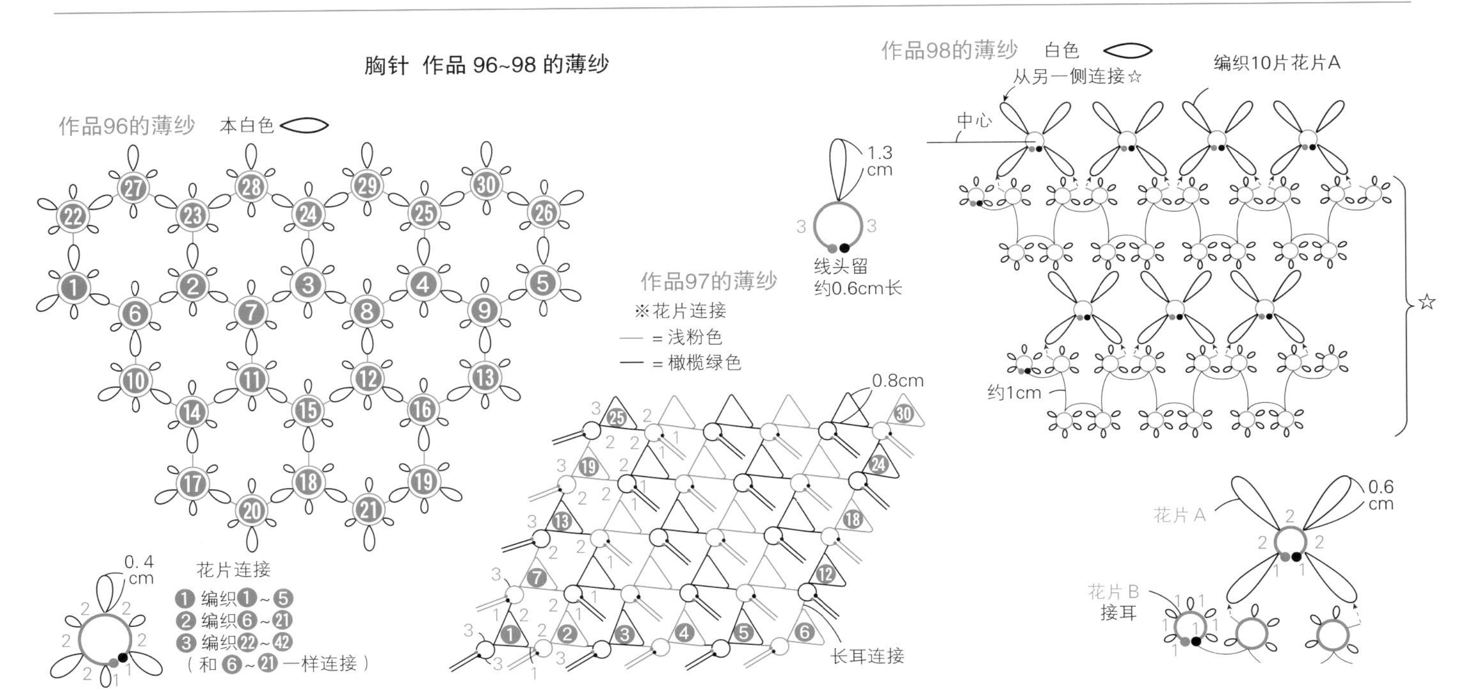

河南科学技术出版社
精品图书推荐

世界编织
AUTUMN & WINTER 8
多彩手工编织

独一无二的手工编织
毛线球
keitodama24
配色花样的魅力

KNITTING & CROCHET
我的编织手账

唯美手编3
清凉的花色编织
共32款

冈本启子
钩针编织作品集

marché
编织大花园4
随时随意编织的可爱小物
时尚披肩和外搭

刺子绣图典
THE ULTIMATE SASHIKO SOURCEBOOK

Top-Down Sweaters
从领口向下编织的毛衫

欧洲编织10
温暖时尚的手编毛衣

Patchwork ••• Crochet
钩针编织的田园风
盖毯和靠垫

一学就会的蕾丝入门教程
盛本知子梭编蕾丝教程

Tatting Lace
美丽的梭编蕾丝
180款
唯美作品大集锦

Point lesson
重点教程

作品 88　梭编花朵
图…第44页

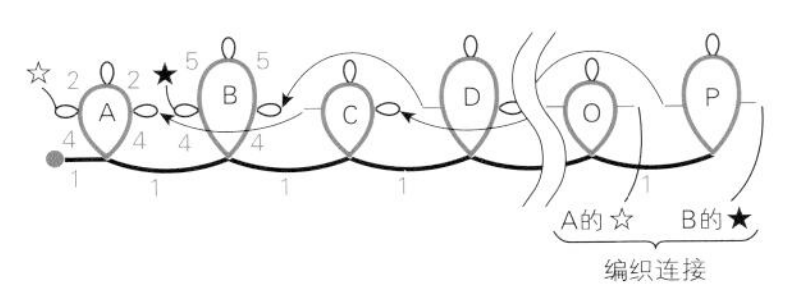

※桥用线梭b编织，
环用线梭a编织

● 中心立体花片的编织方法

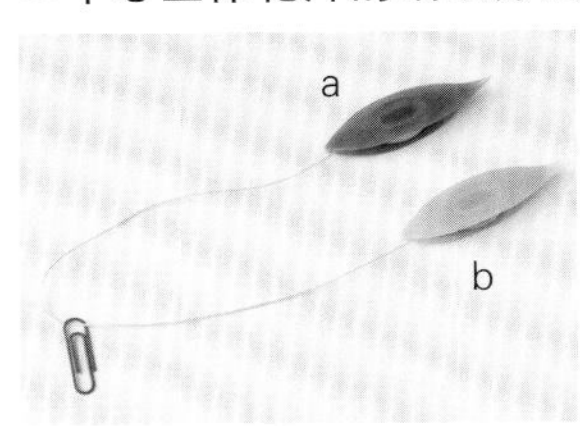

1 线梭a、b绕线，回形针穿入编织起点处。

2 线梭a挂在左手，线梭b编织1个元宝结。

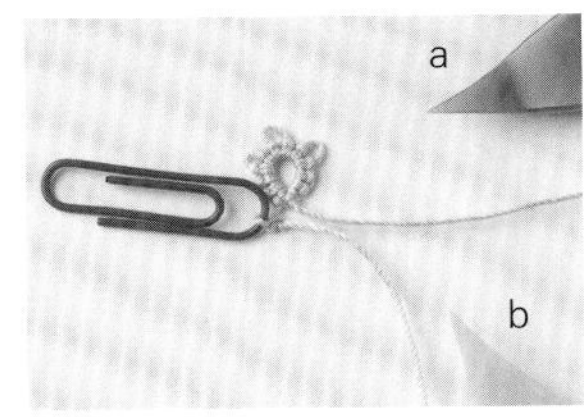

3 线梭b休线，用线梭a编织环A。

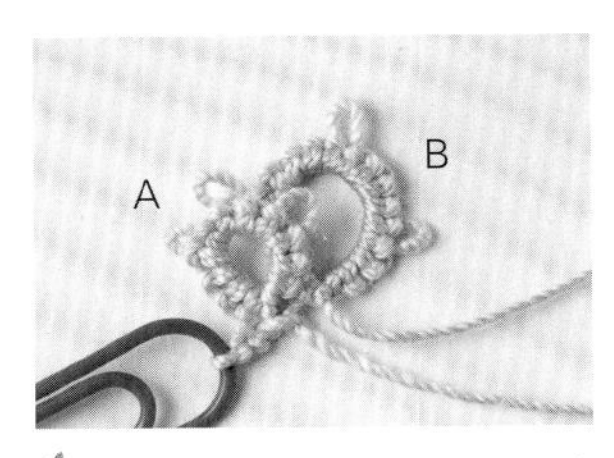

4 用线梭b编织1个元宝结，用线梭a编织环B。

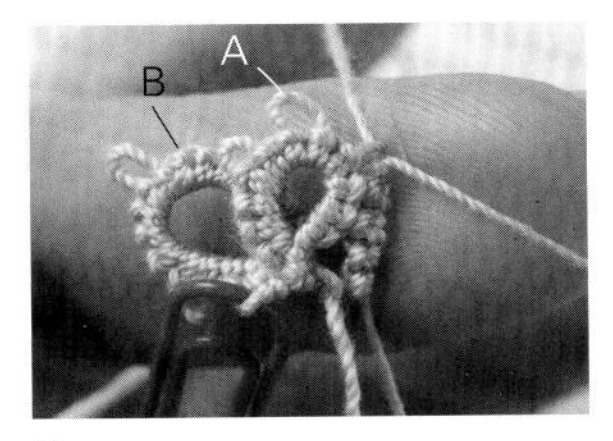

5 环C编织完成4个元宝结之后，在环A上连接耳。

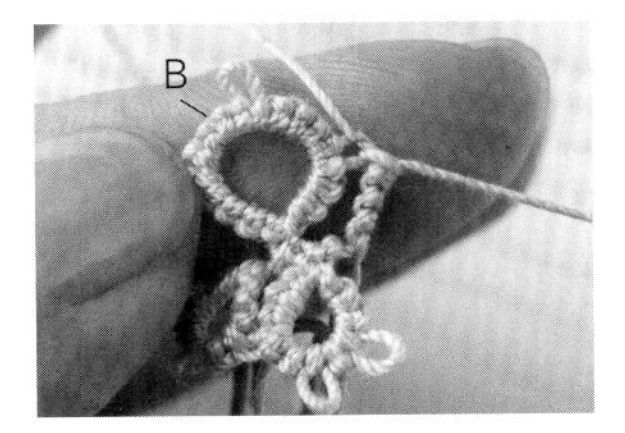

6 环D编织完成4个元宝结之后，在环B上连接耳。

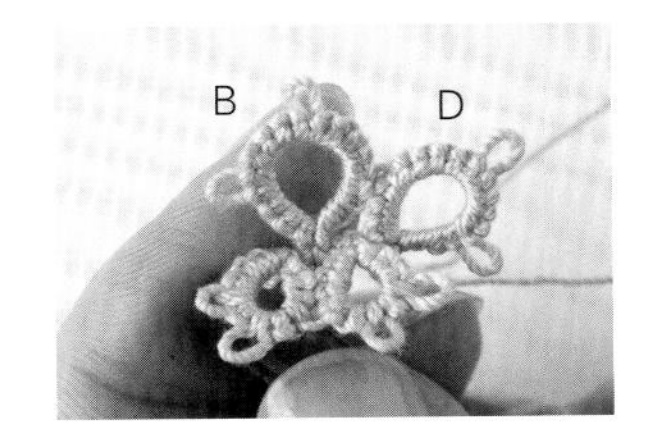

7 编织至环D。

8 参照步骤2~7，编织至环P。编织终点处松开编织起点处的回形针，穿入线头打结。

作品 103　发圈
图…第52页

● 包住发圈的编织方法

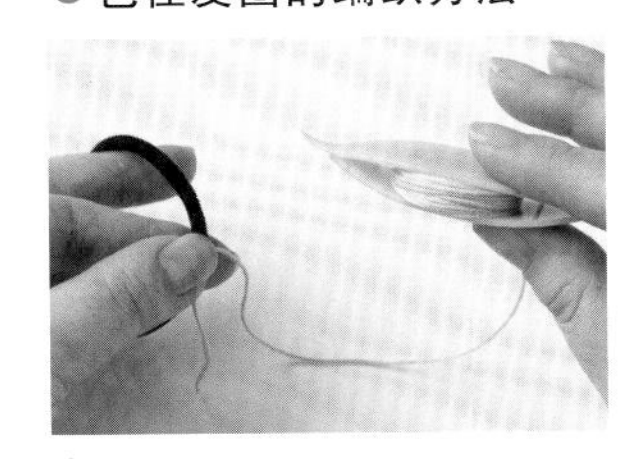

1 发圈线头重合，用左手拿着。

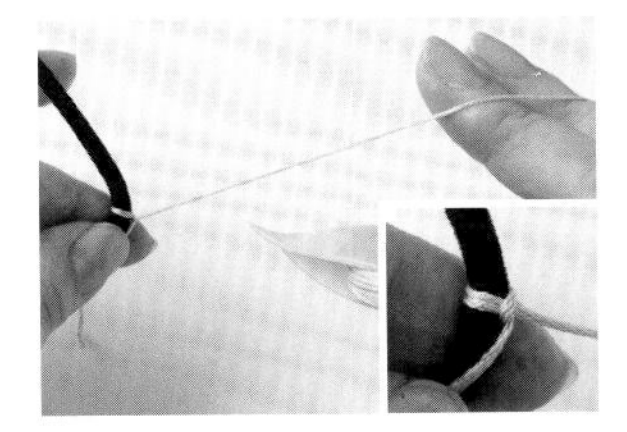

2 编织1针上针，线梭的线连接在发圈上。接着，编织1针下针（右下图）。此作品的1针上针、1针下针计为1个元宝结。

3 首先编织“2个元宝结、耳”，接着重复35次“3个元宝结、耳”，整圈均编织1个元宝结。

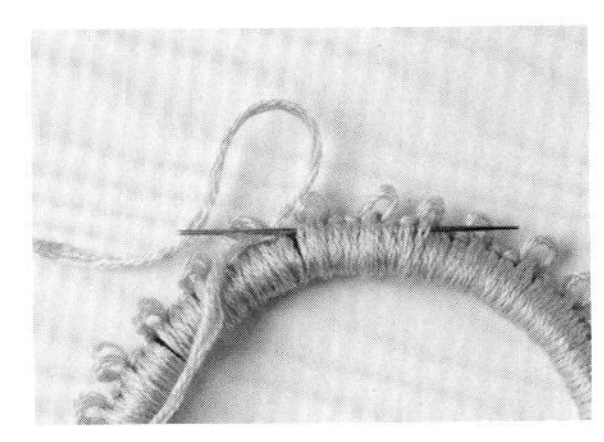

4 编织终点将线头穿入编织圈，剪断线，处理线头。

● 编织荷叶边

1 线梭中穿入36颗串珠、“编织环，串珠送入底部。从耳开始用线梭拉出线，制作线圈。”

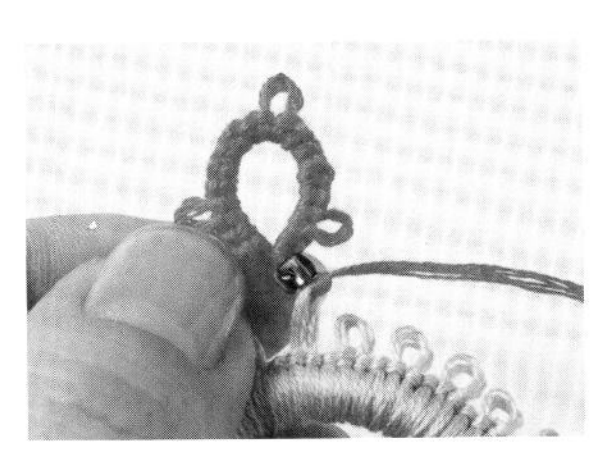

2 线梭穿入线圈，拉线（线梭拼接）。

3 重复步骤1、2，整圈编织36个环，编织终点送入串珠。

4 打结，处理线头（参照第9页）。

Point lesson

重点教程

作品 47　英文字母

图…第28页

B 的编织方法

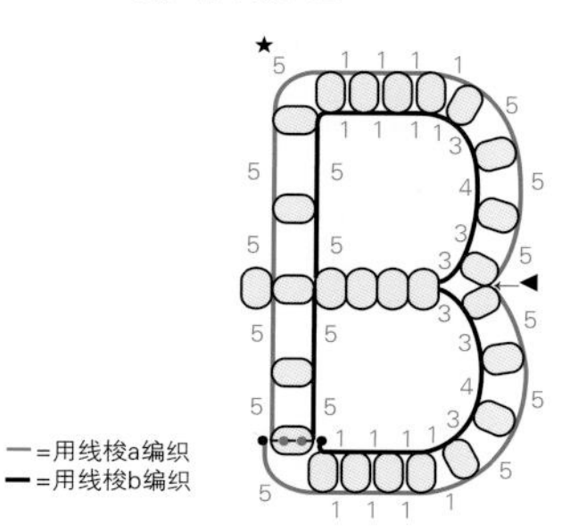

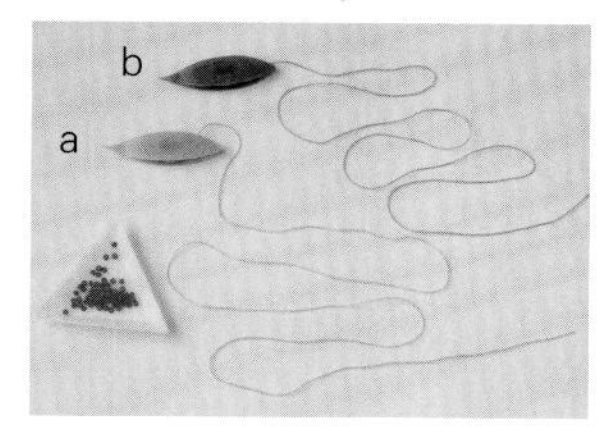

1 线梭a、b侧花片的桥尺寸加上20~30cm的线，线头留约100cm长剪断。（准备26颗串珠。图中●处为编织起点）

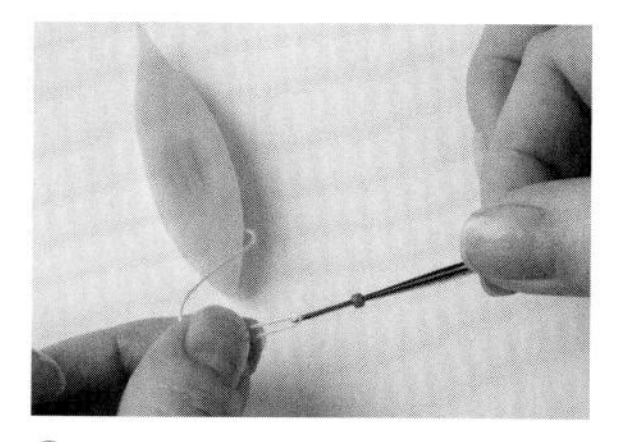

2 串珠穿入蕾丝针，线梭a编织起点的线挂在针头。

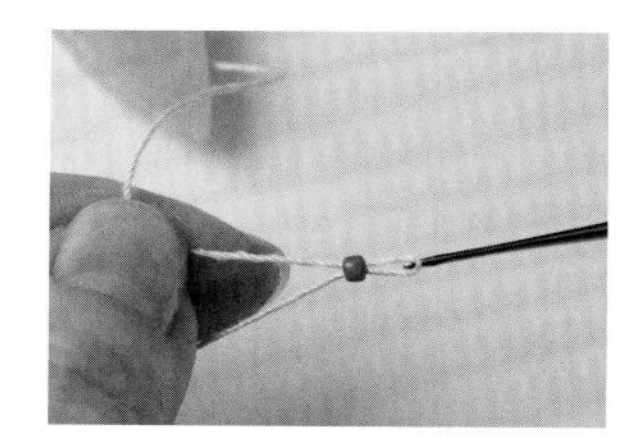

3 串珠穿入线中。

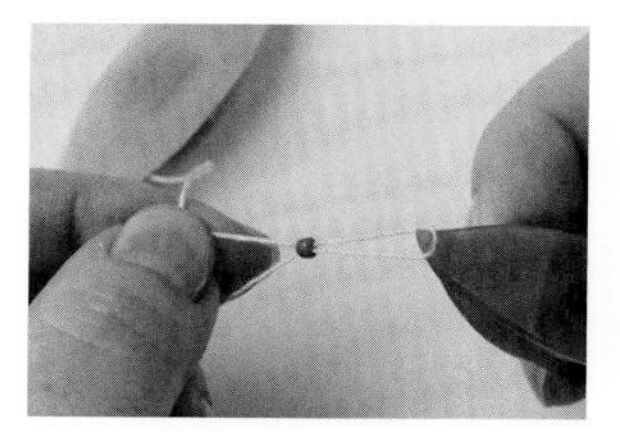

4 线圈从蕾丝针上取下，穿入线梭b中。

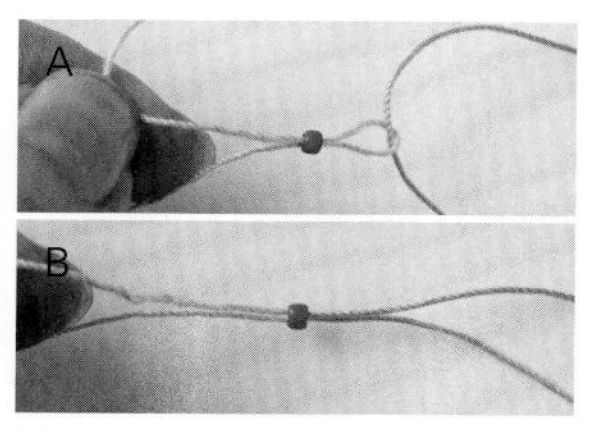

5 线梭b的线穿入后的样子（A）。双手拿起拉出线梭a、b的线，用串珠确定交叉点（B）。

※“用线梭a编织外侧的桥，织片翻面，用线梭b编织内侧的桥。”重复此操作。

6 用线梭a编织6个元宝结（穿入串珠1针+5针）。

7 织片翻面，看着反面用线梭b编织6个元宝结。（穿入串珠1针+5针）

●串珠的编入方法

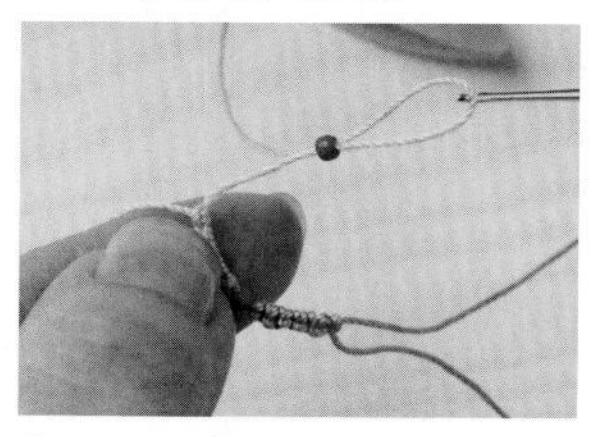

8 参照步骤2、3，串珠穿入线梭a的线中。

9 线梭b穿入步骤8完成的线圈中。收紧线梭a、b的芯线。

10 用线梭a编织5个元宝结，织片翻面，用线梭b编织5个元宝结。

11 参照步骤8、9，串珠穿入线梭a的编织线中，编入。

●串珠编入桥的外侧

12 串珠分别穿入编织线中。

13 用线梭a、b分别编织5个元宝结。

●边角的编织方法

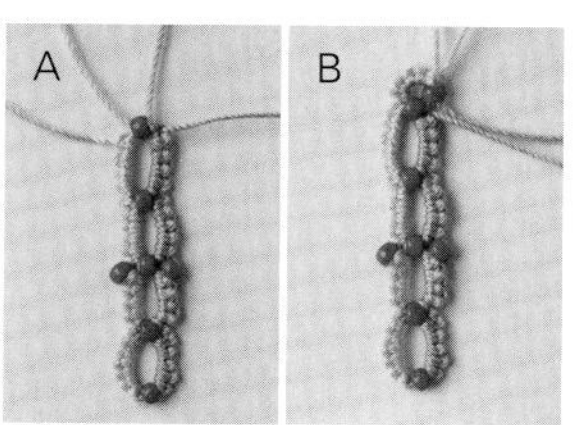

14 编织至边角（★）内侧（A）。用线梭a编织5个元宝结，编入串珠（B）。

15 按照记号图，编织至串珠的栓扣位置（▼）。

●串珠的栓扣的制作方法

16 使用穿珠针，在线梭b的编织线侧穿入3颗串珠。

17 线头穿入☆记号的串珠。

18 穿入3颗串珠送入编织线。

19 用线梭b编织3个元宝结，编入串珠。

●编织终点

20 按照记号图，编织至编织终点。线梭b的线头（编织线）穿入编织起点。

21 芯线和线头打结，处理线头。

22 线梭a的线头（编织线）穿入编织起点，和芯线打结，处理线头。

23 调整形状。

I 的编织方法

—=用线梭a编织
—=用线梭b编织

a、b（b'）是在线梭a、b侧绕线约20cm，留约30cm线头开始编织，参照花片B，按照记号图编入串珠。

●记号图内 b、b' 的编织方法

接线

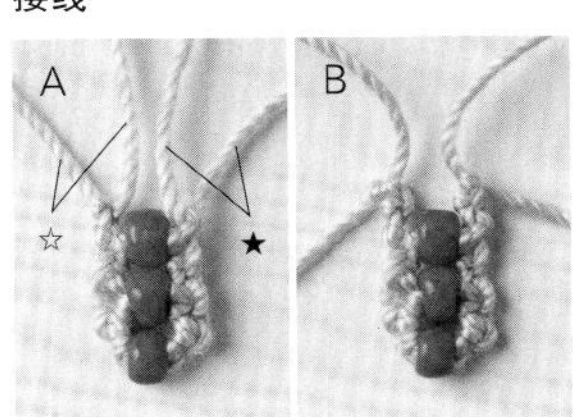

1 编织终点将☆、★打结，参照（A）第9页，处理线头（B）。

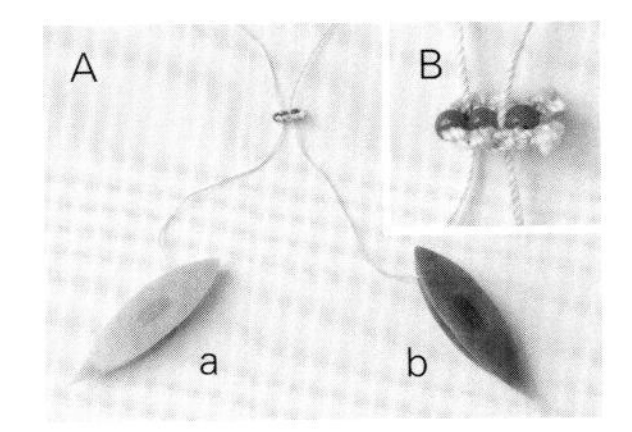

2 线梭a、线梭b的线穿入b。线梭a、b在线梭侧绕线约20cm，线头留约30cm（A）。B为放大状态。

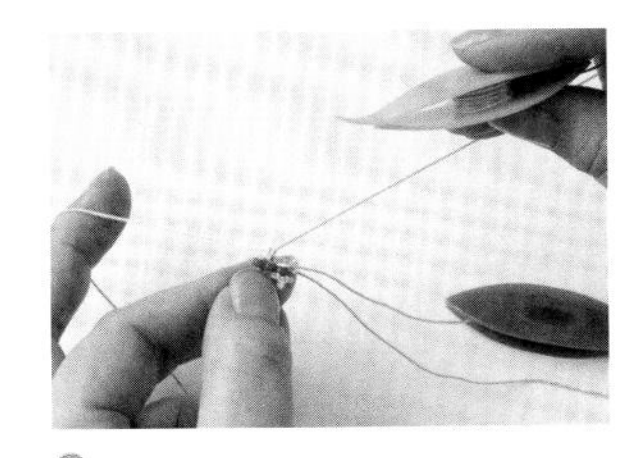

3用线梭a编织1个元宝结。

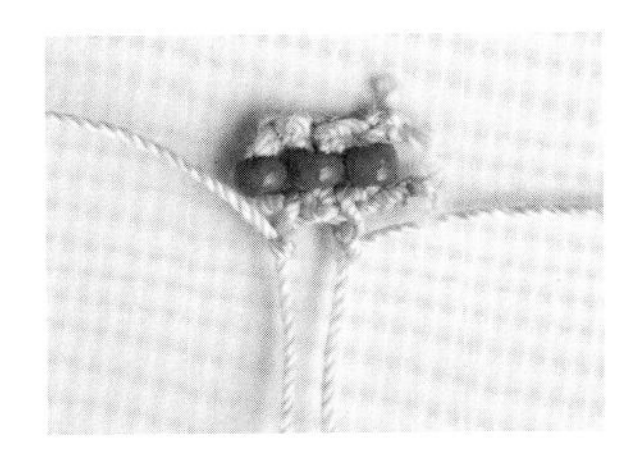

4 织片翻面，用线梭b编织1个元宝结，参照花片B的编织方法，按记号图编织。

●编织终点

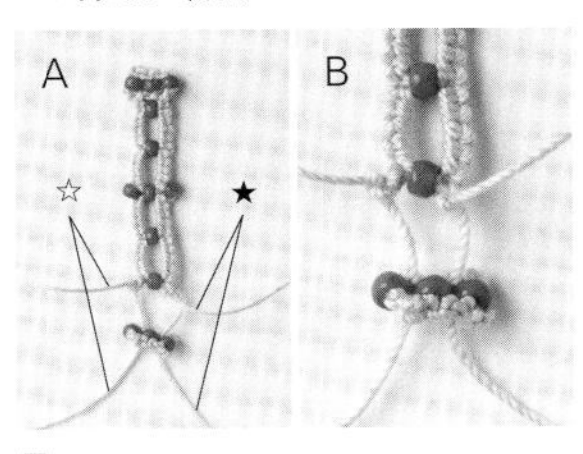

5 芯线的线头逐根穿入b'，将☆、★打结（A）。B为放大状态。

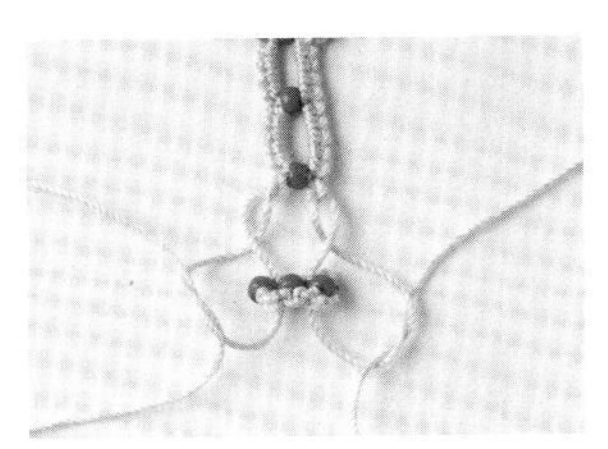

6 剩余的线头穿入反面，☆、★打结完成状态。

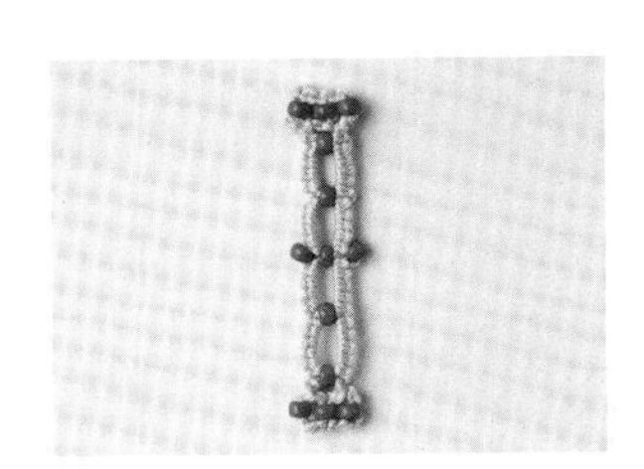

7 处理线头，调整形状。

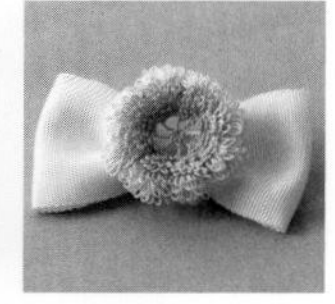

作品89　花片　作品92　胸针

图…第44、45页
重点教程…第8、10页

需要准备的物品

作品 89 花片
CÉBÉLIA 30 号 / 本白色（3865）、浅米色（ECRU）…各少量
其他　花边针 2 号
作品 92 胸针
CÉBÉLIA 30 号 / 浅米色（ECRU）、浅粉色（754）、深粉色（352）…各少量
其他　宽 4cm 蒂罗尔缎带 / 本白色…15cm、别针（9-11-1）/ 金色（G）…1 个

制作方法要点
（作品 89 花片）
1 准备线梭 + 线头，第 1 圈使用回形针开始编织。
2 蕾丝针扭转 2 次第 1 圈的长环饰，线梭拼接周围的桥 8 圈。
3 外周将环和桥按线梭拼接于花朵花片。
（作品 92 胸针）
1 花片参照作品 89 编织。
2 用蒂罗尔缎带制作基底丝带，缝合花片和别针。

作品89

※耳间为1个元宝结
※耳和线梭之间为2个元宝结

耳的长度

第7～9圈	0.4cm
第4～6圈	0.3cm
第2～3圈	0.2cm
第1圈	0.6cm

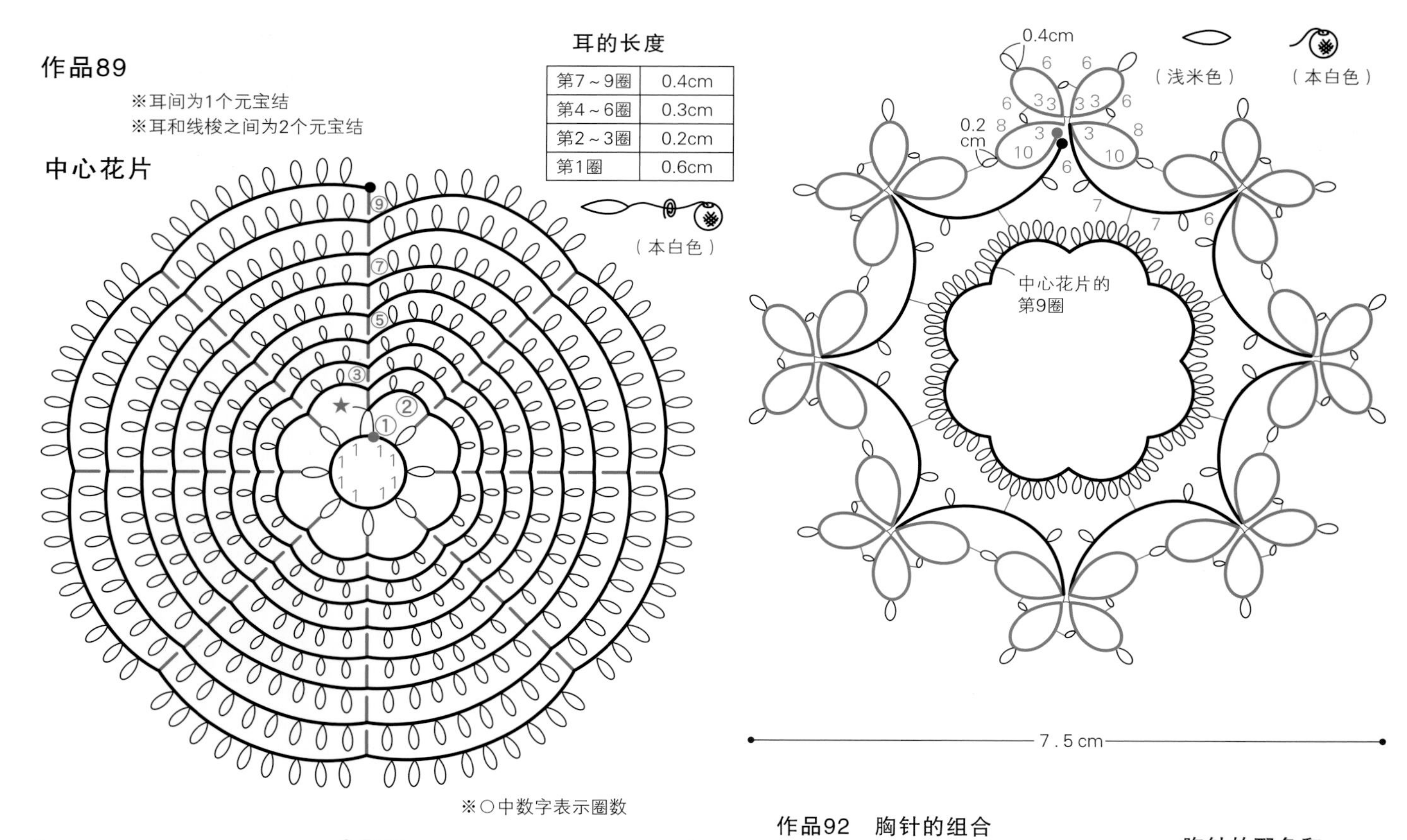

※○中数字表示圈数

3.5cm

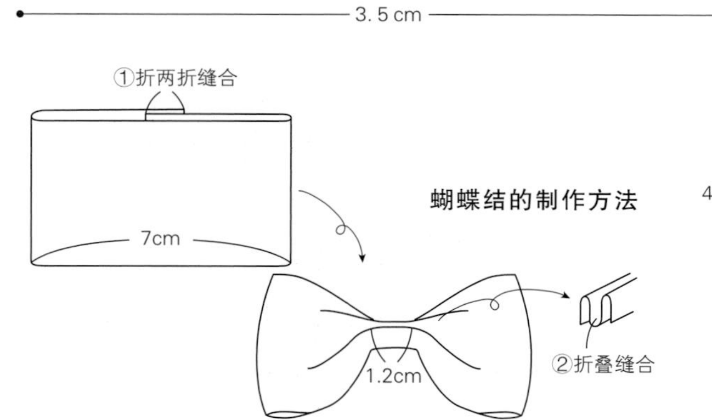

作品92　胸针的组合

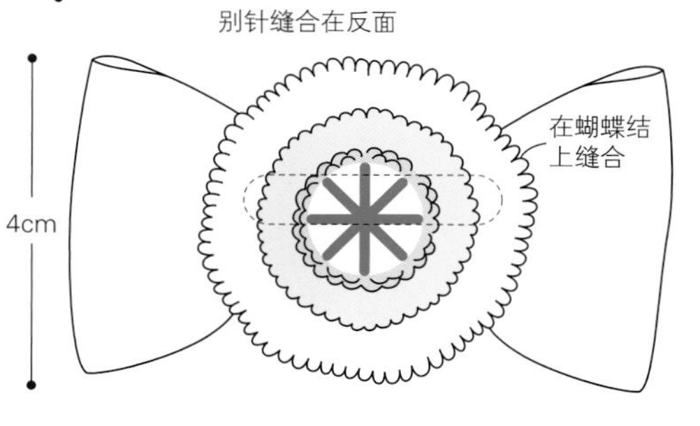

胸针的配色和耳的长度

圈数	配色	耳的长度
9	浅米色	0.4cm
8		
7		
6	754	
5		0.3cm
4		
3	352	0.2cm
2		
1		0.6cm

英文字母U、V、W、X、X、Y、Z 作品48 徽章 作品49 别针

图…第28、29页

需要准备的物品

字母 U、V、W、X、X、Y、Z
（通用）Diamant/ 粉色（D316）…少量
（通用）Takumi LH 小圆串珠 / 银色（PF21）
U…20 颗 V…16 颗 W…22 颗 X…16 颗
Y…14 颗 Z…19 颗
其他 蕾丝针 12 号

作品 48 徽章
Diamant/ 红色（D321）…少量
Takumi LH 小圆串珠 / 金色（PF22）
H…22 颗 A…18 颗 P…19 颗 Y…14 颗
其他 蕾丝针 12 号、穿珠针、胶水
※H、A 的编织方法参照第 30 页，P 参照第 31 页

作品 49 别针
（通用）Diamant/ 玫瑰红色（D140）…少量
Takumi LH 小圆串珠 /M 黑色（83）…22 颗 T 玉珠（83）…15 颗
其他 宽 4cm 蒂罗尔缎带 / 红色、宽 0.8cm 蒂罗尔缎带 / 海军蓝色…各 10cm，别针（9-11-3）/ 烟灰色…1 个，蕾丝针 12 号
※M、T 的编织方法参照第 31 页

记号图的使用方法 ※编织方法参照第58、59页

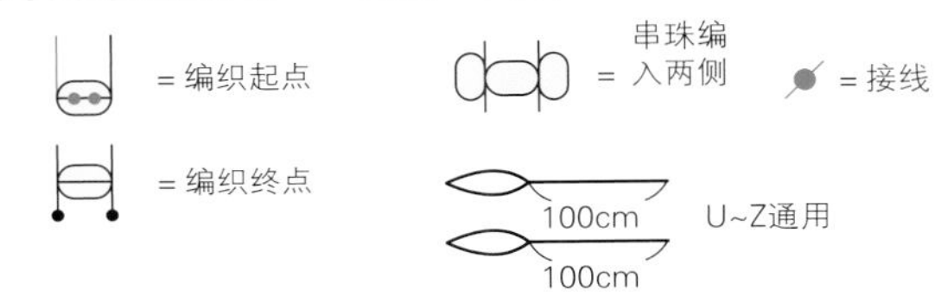

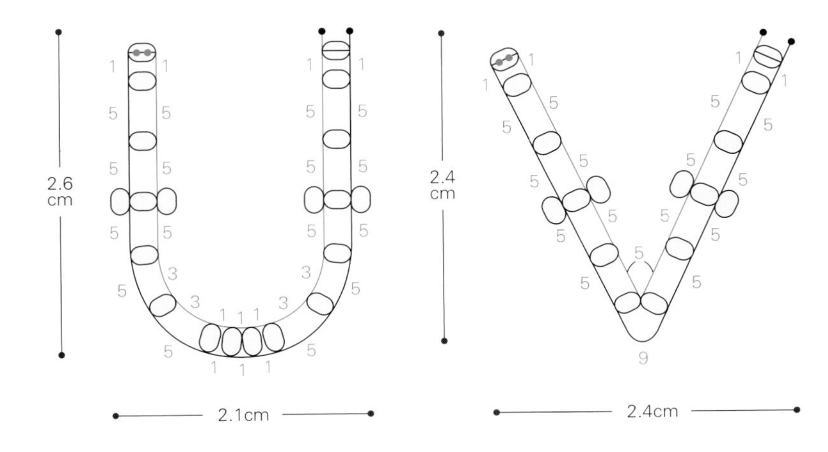

制作方法要点

1 准备线梭 a、b，编入串珠，同时交替编织右侧的桥。

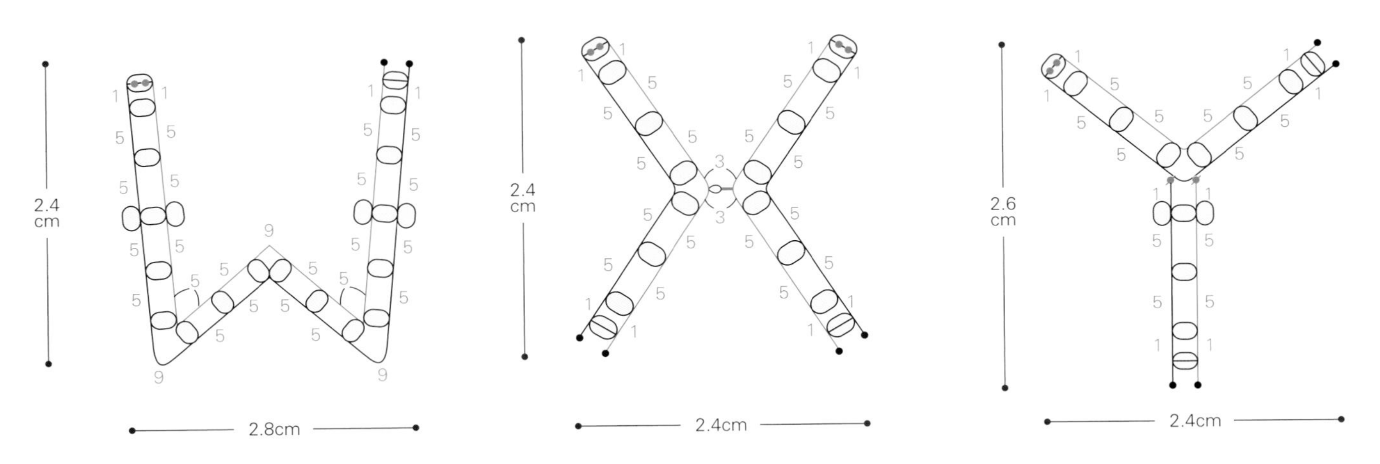

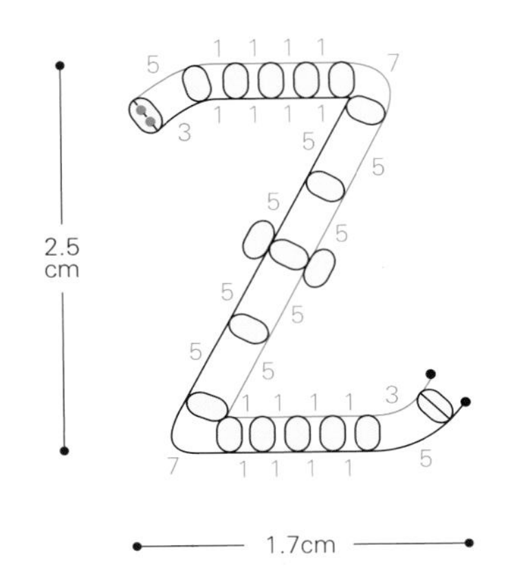

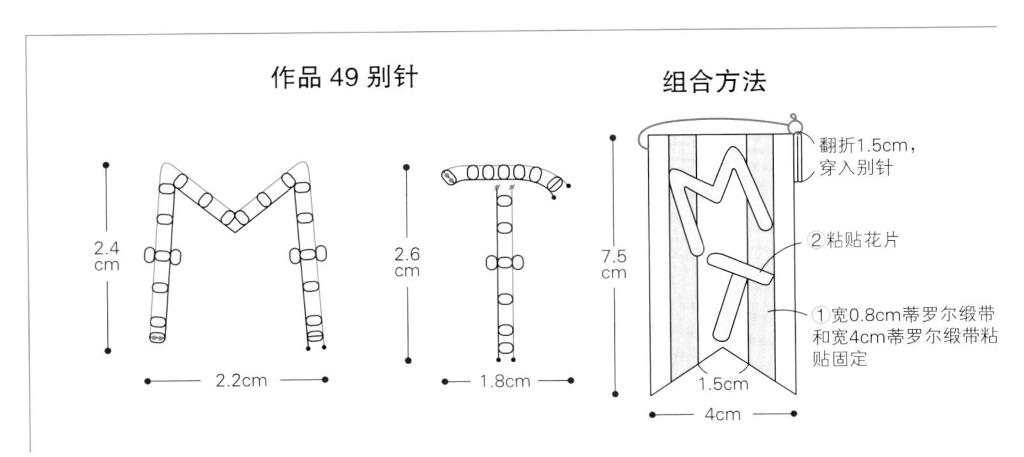

作品1、2、3、4、5、6　立体花片

图…第14、15页

需要准备的物品

作品 1 CÉBÉLIA 30 号 / 本白色（3865）…少量
作品 2 CÉBÉLIA 30 号 / 白色（BLANC）…少量
玻璃切割串珠（3mm）/ 粉色（α－1685）…7 颗
作品 3 CÉBÉLIA 30 号 / 本白色（3865）…少量
作品 4 CÉBÉLIA 30 号 / 白色（BLANC）…少量，
特小圆珠 粉色（145）…24 颗
作品 5 CÉBÉLIA 30 号 / 本白色（3865）…少量
作品 6 CÉBÉLIA 30 号 / 本白色（3865）…少量，
特小圆珠 / 金色（701）…12 颗

制作方法要点

（作品 1、2）
1 编织 2 片花朵花片。
2 按纵向渡线编入的方法编织 A，和花朵花片连接。
作品 2 在线梭上绕入串珠，纵向渡线编入（参照第 11 页）。
（作品 3、4）
作品 4 在线梭上绕入串珠，在环之间逐个编入（参照第 11 页）。
（作品 6）
在线梭上绕入串珠，在环之间逐个编入（参照第 11 页）。

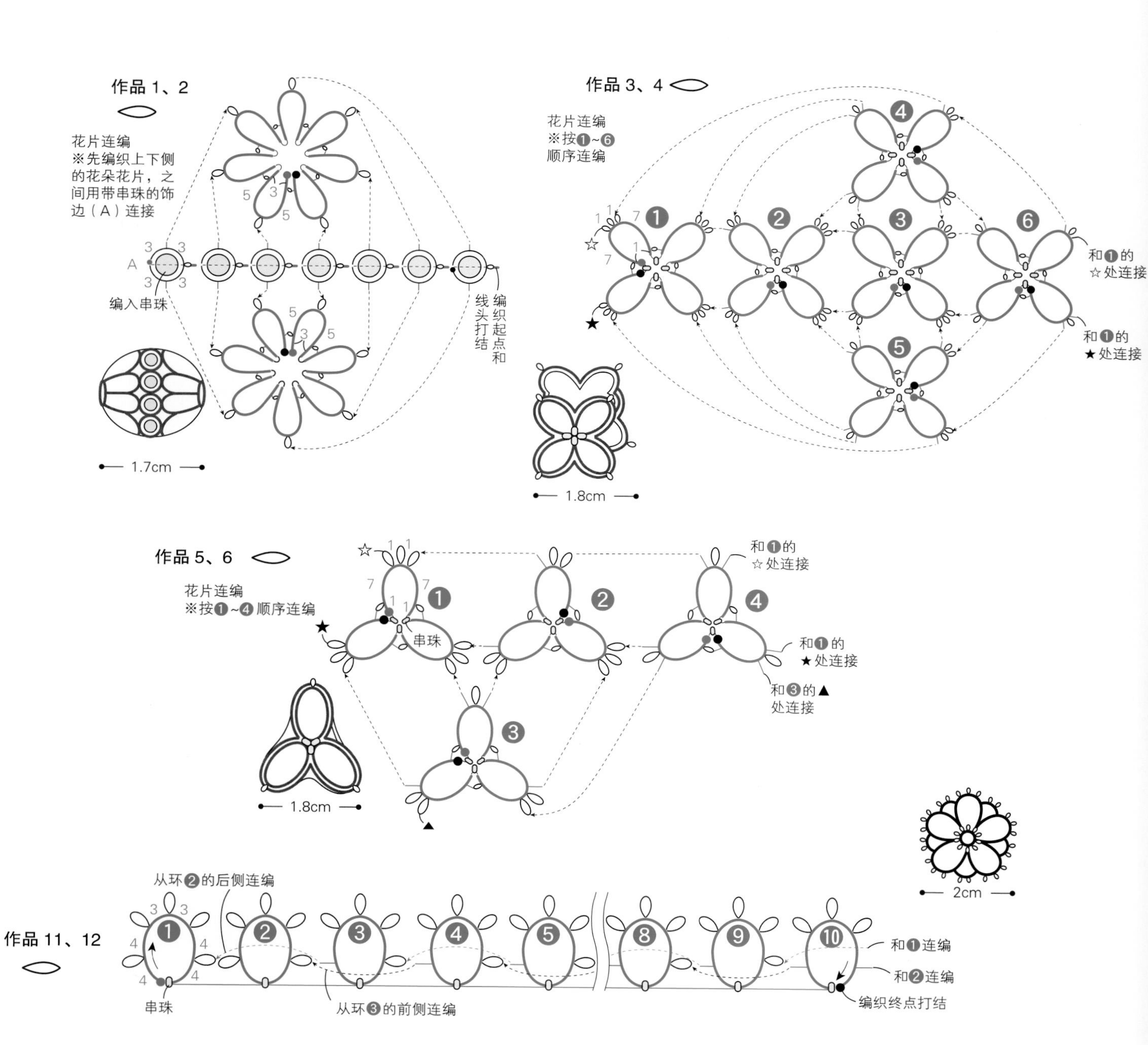

作品7、8、9、10、11、12、13、14　立体花片

图…第15页

需要准备的物品

作品 7 SPECIAL DENTELLES 80 号 / 白色（B5200）…少量
作品 8 SPECIAL DENTELLES 80 号 / 白色（B5200）…少量，
特小串珠 / 粉色（31）…48 颗
作品 9 CÉBÉLIA 30 号 / 本白色（3865）…少量
作品 10 CÉBÉLIA 30 号 / 白色（BLANC）…少量
特小串珠 粉色（191）…10 颗
作品 11 CÉBÉLIA 30 号 / 本白色（B5200）…少量
作品 12 CÉBÉLIA 30 号 / 本白色（B5200）…少量，
特小串珠 粉色（2107）…10 颗
作品 13 SPECIAL DENTELLES 80 号 / 白色（B5200）…少量
作品 14 SPECIAL DENTELLES 80 号 / 白色（B5200）…少量，
特小串珠 粉色（2105）…10 颗

制作方法要点
（作品 8）
线梭上绕入串珠，编织环，编织下一个环时送入底部编入。
（作品 9、10）
1 按顺序编织外侧的环、内侧的环，第 2 片花片反面向内，接耳连接。
2 作品 10 线梭上绕入串珠，编织内侧的环时逐个送入左手的线环中。
（作品 11、12）
1 编织环❶、❷从环❸开始，奇数的环从后侧编织连接，偶数的环从前侧编织连接。
2 作品 12 在线梭上编入串珠于线梭，编织环时于左手的线环中送入 1 颗串珠。※ 编织方法在第 62 页下方。
（作品 13、14）
1 编织 8 片连编花片。
2 作品 14 在线梭上绕入串珠，编织环，编织下一个环时逐个送入底部。

作品 7、8

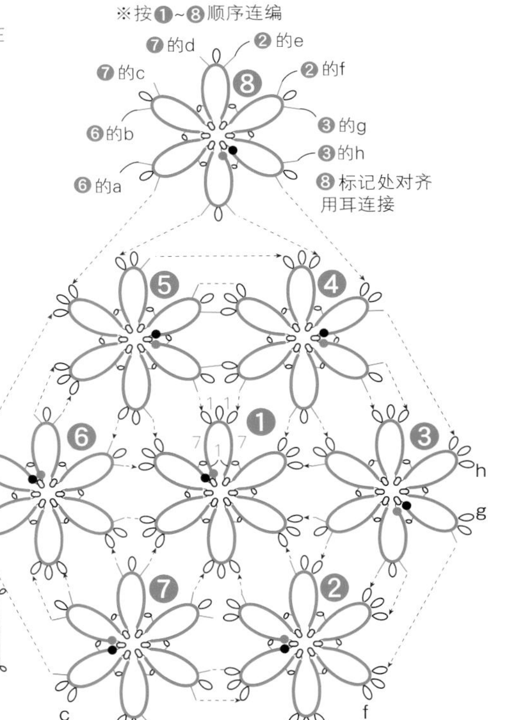

作品 9、10

①编织外侧的环
②编织外侧的环时，压住外侧的耳开始连接
串珠编入内侧的环
第2片花片正面向外连接
3.2 cm
2.8cm
2.8cm

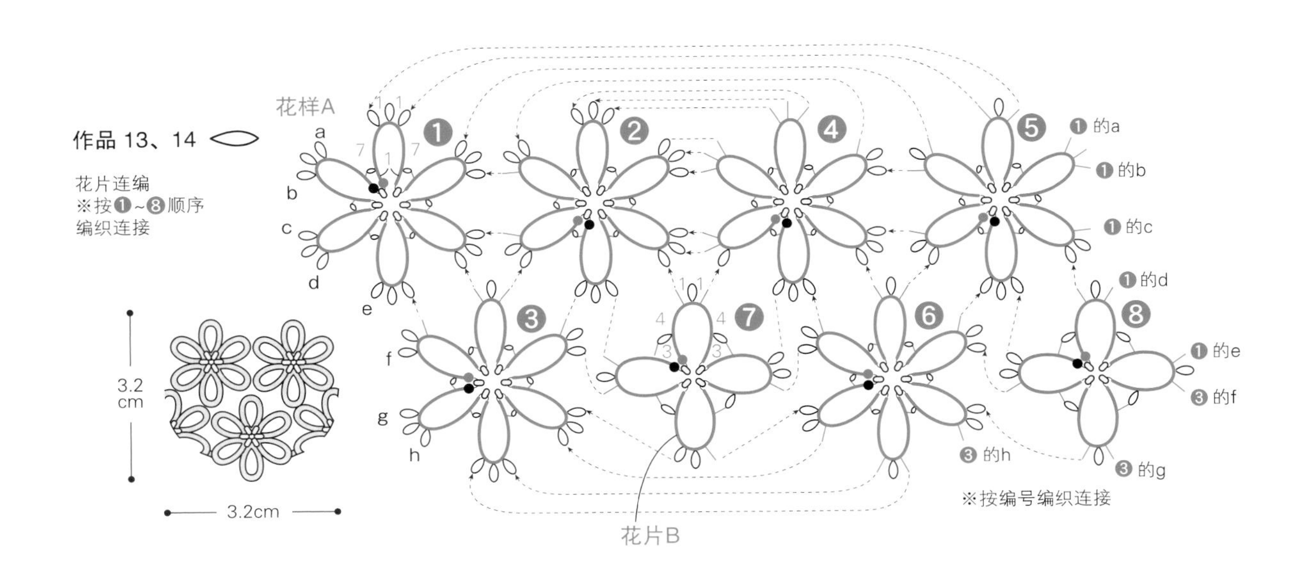

はじめてのレース編み　タティングレースのアクセサリー
Copyright© eandgcreates 2014
Original Japanese edition published by E&G CREATES.CO.,LTD
Chinese simplified character translation rights arranged with E&G CREATES. CO.,LTD
Through Shinwon Agency Beijing Office.
Chinese simplified character translation rights© 2019 by Henan Science & Technology Press Co.,Ltd.

日本朝日新闻出版社授权河南科学技术出版社在中国大陆独家出版发行本书中文简体字版本。

备案号：豫著许可备字-2014-A-00000003

北尾惠美子
EMIKO KITAO

蕾丝研究会“针之会”代表。1998年之后，每隔三四年举办一次会员作品展。2012年5月，在德国的乡土博物馆召开“针之会的蕾丝作品展”。
著作有《梭编小花边100》《零基础玩梭编蕾丝》《华丽古典蕾丝》《艺术编织蕾丝》《蕾丝》。

图书在版编目（CIP）数据

可爱的梭编蕾丝小饰物 / (日) 北尾惠美子著；史海媛译. —郑州：河南科学技术出版社，2019.3
ISBN 978-7-5349-9212-4

Ⅰ. ①可…　Ⅱ. ①北…　②史…　Ⅲ. ①绒线－手工编织－图解　Ⅳ. ①TS935.52-64

中国版本图书馆CIP数据核字（2018）第111192号

出版发行：河南科学技术出版社
地址：郑州市金水东路39号　　邮编：450016
电话：（0371）65737028　　65788613
网址：www.hnstp.cn
策划编辑：刘　欣
责任编辑：张　培
责任校对：王晓红
封面设计：张　伟
责任印制：张艳芳
印　　刷：河南博雅彩印有限公司
经　　销：全国新华书店
开　　本：889 mm × 1 194 mm　1/16　　印张：4　　字数：150千字
版　　次：2019年3月第1版　　2019年3月第1次印刷
定　　价：39.80元